中公新書 2491

田中　修著

植物のひみつ

身近なみどりの〝すごい〟能力

中央公論新社刊

はじめに

私たちは、植物を栽培したり、発芽や日々の成長、開花などを観察したりしていると、植物たちのいきいきとした姿に喜びや驚きを感じることが多くあります。また、植物たちの予期しなかったような性質や能力に気づくこともあります。

そのような新たな感動や発見がきっかけとなって、身近な植物たちのことを考えていると、私たちの心の中に、植物たちの〝ふしぎ〟が次々と浮かびあがってきます。これらの〝ふしぎ〟の裏には、植物たちの〝ひみつ〟の工夫やしくみが秘められています。

たとえば、ウメは、まだ寒い新春に花を咲かせます。毎年、サクラよりは間違いなく早くに咲きます。その理由として、「ウメは温度が低くても、花が咲くから」と思われがちですが、もしそうなら、温度が低くなった晩秋か、暮れには花が咲くはずです。そうならないのは、ウメには、春早くに咲くための〝ひみつ〟のしくみがあるからです。

アブラナの仲間では、親の性質を代々受け継ぐ品種を守るために、ふつうの植物には使われない〝ひみつ〟の方法がとられています。というより、この植物では、そのようにせざるを得ない性質があるのです。

タンポポの花が咲いたあとには、球状の綿毛が展開してきます。花がしおれたあとに日が経《た》てば、自然におこる現象のようですが、綿毛が球状に広がるためには、そのための〝ひみつ〟の条件があります。

イネは、田園風景の中できちんとそろって成長しています。きれいにそろっているのには、そろっていなければならない〝ひみつ〟の事情があるのです。また、成長をそろえるための〝ひみつ〟の苦労があります。

アジサイの開花宣言は、花が咲いているのに出されないことがあります。そこで、「なぜなのだろう」との〝ふしぎ〟が浮かびます。アジサイの花には、開花宣言が出されない〝ひみつ〟の事情があるのです。

ヒマワリには、大きい花が咲き、多くのタネがつくられます。「なぜ、多くのタネができるのか」と〝ふしぎ〟がもたれます。これには、ヒマワリの花に秘められた〝ひみつ〟の構造が潜んでいます。

ジャガイモが突然品切れになって、ポテトチップスの生産が中止されるという騒ぎがおこることがあります。「なぜ、不足するのか」との〝ふしぎ〟が浮上します。これは、「ポテト前線」に、その〝ひみつ〟が隠されています。

キクは、黄色の花を多く咲かせます。でも、他の植物と同じように、白色の花を咲かせるものもあります。キクの白色の花には、他の植物では想像されないような、〝ひみつ〟が秘められています。

イチョウの樹齢を重ねた太い幹から、突然に、若い芽が出てくることがあります。「なぜ、歳《とし》を経た古株から、突然に若い芽が出るのか」と〝ふしぎ〟ですが、これは幹に潜んでいた〝ひみつ〟の力によるものです。

バナナは、人気の果物です。この人気を支えているのは、私たちの気づかない、バナナの〝ひみつ〟の性質です。「いったい、どのような性質なのだろう」と、〝ふしぎ〟は広がります。

本書では、身近にあり、小学校・中学校の教材に取り上げられるようなこれら一〇種類の植物たちの〝ふしぎ〟とそれを支える〝ひみつ〟を紹介します。植物たちの〝ふしぎ〟は尽きることがありませんが、植物たちの〝ひみつ〟もまた尽きることのない〝すごい〟ものです。

しかし、本書で紹介できる〝ひみつ〟の数は限られています。でも、植物たちの〝ひみつ〟には、他の植物にも共通するものが多くあります。ですから、本書に紹介された一〇種類の植物たちの〝ふしぎ〟から、身のまわりにある雑草や草花、樹木、野菜や果物の〝ふしぎ〟へと興味の対象を広げてもらえることが、本書に込めた私の願いでもあります。

目次に並んだ〝ひみつ〟は、それぞれ独立したものです。ですから、興味のあるものから読んでもらえるように、それぞれの〝ふしぎ〟を支える〝ひみつ〟の説明はなるべく独立するようにしました。

そのため、植物たちの〝ひみつ〟を紹介するときに、他の植物にも共通の性質について、同じ趣旨の内容が繰り返されることがあります。繰り返しになるときには、できるだけ簡略化しましたが、やむを得ず、内容の重複が生じます。この点は、ご了承ください。

本書で紹介している〝ひみつ〟は、植物たちにとっては、私たちに知ってほしいものかもしれません。あるいは、教えたくないような〝ひみつ〟なのかもしれません。でも、楽しんで読んで、植物たちへの興味につなげていただいたら、植物たちはきっと喜ぶでしょう。

二〇一八年四月九日

田中　修

目次

第一話

ウメの“ひみつ”

さまざまなシンボルになるウメ

ウメはバラ科の植物で、原産地が日本であるとの説もありますが、中国が原産地とされています。日本では、奈良時代より前にすでに栽培されており、古来、ウメの花と木は、多くの人々に愛され、絵に描かれ、詩歌に詠まれ、私たちの身近に息づいてきました。

私たちがふつうによぶ「ウメ」や「サクラ」などの植物の名前は和名といわれますが、それぞれの植物には、それとは別に、国際的に通じる学名という名前があります。学名は、その植物が属する「属名」と、その植物の特徴を表す「種小名」の二つの語から成り立ちます。属名というのは、生物の分類学上の一つの階層である「科」の下の、グループ名を示すものです。ウメは、サクラやリンゴなどと同じ、バラ科の植物に属します。

ウメの学名は、長い間、「プルヌス・ムメ（*Prunus mume*）」とされてきました。属名を示す「プルヌス」は、ウメがバラ科の中のサクラ属（スモモ属とも）であることを示します。近年、ウメはアンズ属とされ、学名は、「アルメニアカ・ムメ（*Armeniaca mume*）」です。種小名の「ムメ」は、ウメの古い日本での呼び名です。ウメは、中国では、「メイ」という音でよばれていましたが、日本に伝来したときに、これが「ムメ」に転訛《てんか》し、そのあと、「ウメ」になりました。

台湾（中華民国）では、この植物が国を象徴する花である「国花」に定められています。そのため、「チャイナエアライン（中華航空）」という台湾の航空会社がありますが、この飛行機の尾翼には、大きくウメの花が描かれています。

ウメは、和歌山県や福岡県では、「県の花」に選ばれています。これらには、よく納得できる理由があります。和歌山県には、「一目百万、香り十里」といわれるウメの名所である南部《みなべ》梅林があります。福岡県には、ウメをこよなく愛し、「東風《こち》吹かば　匂《にお》ひおこせよ　梅の花　主《あるじ》なしとて　春を忘るな」と詠んだ菅原道真《すがわらのみちざね》を祀《まつ》る太宰府《だざいふ》天満宮があります。

ウメは、茨城県では、「県の木」に選ばれています。石川県金沢市の兼六園《けんろくえん》、岡山県岡山市の後楽園《こうらくえん》と並んで日本の三大名園の一つとされる偕楽園《かいらくえん》が、茨城県水戸市にはあります。ここは、全国的なウメの名所として知られています。

他にも、大分県では、ウメの一品種である「豊後《ぶんご》梅」が「県の花」に選ばれており、「県の木」にもなっています。その理由は、「豊後」というのは、現在の大分県の古称であり、豊後梅の発祥の地とされているからです。

ウメは、大阪府の「府の花」にも定められています。「なぜ、ウメが大阪府の『府の花』に選ばれるのか」という〝ふしぎ〟を感じられるかもしれません。「大阪府には、太宰府天満宮と同じく、菅原道真を祀る大阪天満宮があり、ここがウメの名所であるからだろう」と納得する人もいます。でも、それだけではありません。この〝ふしぎ〟の裏には、ウメの〝ひみつ〟の過去が隠されています。

「咲くやこの花館」の〝この花〟は、〝ウメの花〟なのか？

一九九〇年、「国際花と緑の博覧会」が大阪府で開かれました。そのとき、会場の大阪市鶴見《つるみ》区の鶴見緑地に、「咲くやこの花館」という大きな温室が建てられました。変わった名前なので、「〝この花〟というのは、どの花なのか」という〝ふしぎ〟に興味がもたれました。

平安時代に編纂《へんさん》された『古今和歌集《こきんわかしゅう》』（九〇五年に成立）に、「難波津《なにわづ》に　咲くやこの花　冬ごもり　今は春べと　咲くやこの花」という歌があります。これは「難波津の歌」といわれ、「咲くやこの花館」の名前は、これに由来します。

この歌は、「難波津に、この花が咲いた。厳しい冬の間、こもっていたツボミが、今こそ春だと咲いている」との意味です。平安時代より前の五世紀前半の仁徳《にんとく》天皇の即位を祝って、百済《くだら》から来ていた王仁《わに》博士によって詠まれたとされます。「難波」は、現在の大阪市やその周辺を指す古称であり、この地名には、「浪花」や「浪速」などの字が当てられることもあります。「津」は、港という意味です。

この歌に詠まれた〝この花〟とは、「ウメの花」とされています。「なぜ、〝この花〟は、ウメの花と考えられるのか」との疑問がおこります。その裏づけは、奈良時代に編纂された『万葉集《まんようしゅう》』に基づきます。

『万葉集』には、約四五〇〇首の歌が収められており、そのうちの約一五〇〇首に、約一六〇種類の植物が詠み込まれています。多く詠まれたベスト・スリーは、「ハギ、ウメ、マツ」の順です。

これを知ると、「なぜ、万葉集では、ハギが一番多く詠まれているのか」との疑問が浮かびます。この大きな理由は、「万葉集の歌の選者であった大伴家持《おおとものやかもち》が好きな植物だったから」といわれます。そのように説明されると、何が根拠なのかがよくわからないままに納得せざるを得ません。

でも、「ハギの花は、当時、髪飾りとして使われ、身近な植物であった」ともいわれます。それに加えて、ハギは、奈良時代の歌人であった山上憶良《やまのうえのおくら》により、『万葉集』に、「萩《はぎ》の花　尾花葛花《おばなくずばな》　瞿麦《なでしこ》の花　女郎花《おみなえし》　また藤袴《ふじばかま》　朝貌《あさがお》の花」と、秋の七草の一つとして先頭に詠まれています。当時、人気のあった花だったのでしょう。

しかし、ハギは秋に花を咲かせます。少し早く咲いたとしても夏ですから、「難波津の歌」で「今は春べと　咲くやこの花」の〝この花〟には当たりません。そのため、〝この花〟は、ハギに次いで、万葉集に多く詠まれているウメの花とされているのです。色も、香りも、見栄えも備え、この時代に、〝この花〟といえば通じるのは、ウメだったのです。

つまり、第一六代天皇である仁徳天皇の即位を祝って、五世紀前半に詠まれたとされる「難波津の歌」の〝この花〟はウメなのです。大阪府の古い地名が詠まれたこの歌にちなんで、ウメが大阪府の「府の花」に選定されているのです。

大阪市には、「北区」や「阿倍野区《あべの》」などと並んで、「此花区《このはな》」という区があります。この「此花」は、「難波津の歌」にちなんで、ウメの花とされます。此花区は「区の花」を定めていますので、当然、それはウメのように思われます。ところが、ウメではないのです。区民による公募で決められたのですが、花が咲く木ではサクラであり、草花ではチューリップが選ばれています。

このように、奈良時代には、ウメは人気の花だったのですが、現在では、サクラがそのはなやかさでウメをしのぎ、サクラの人気はウメを上まわっています。では、「いつごろから、サクラは人気の花になったのか」との疑問が生じます。

サクラも、『万葉集』に詠まれています。でも、奈良時代につくられた『万葉集』に詠まれている数は、ウメが一一八首（一一九首との説もある）であるのに対し、サクラを詠んだものは約四〇首です。

『万葉集』に詠まれた歌の数では、ウメが多かったのですが、そのあとの平安時代につくられた『古今和歌集』では、サクラが圧倒的にウメを上まわっています。『古今和歌集』には、全部で約一一〇〇首の和歌が収められています。そのうち、ウメを詠んだ歌は約二〇首であったのに対し、サクラを詠んだものは約一〇〇首もあります。ウメとサクラの地位は、奈良時代から平安時代にかけて、逆転したようです。

奈良時代までは「花といえば、ウメ」だったのですが、平安時代以降は、「花といえば、サクラ」になったようです。

なぜ、ウメは春早くに開花するのか？

ウメは、「春告草《はるつげぐさ》」とよばれるように、「春の訪れを告げる植物」とされています。その通りに、ウメの花は、九州では一月中旬に咲きはじめ、開花前線はゆっくりと北上し、関西地方や関東地方には二月中旬〜下旬に到達します。そのあと、ウメの開花前線は、東北地方の各地に春の訪れを告げながら、北上します。そして、北海道には、四月下旬から五月上旬ごろに到達します。

このように、全国で、ウメの花はまだ寒いころに咲きます。「なぜ、ウメは、まだ寒い春早くに開花するのか」との〝ふしぎ〟があります。ウメの花が咲くと、それぞれの地域で、

「ウメが開花した」と新聞やテレビなどでもてはやされます。「昨年より、何日早い」とか「例年より、何日遅い」とか話題になります。このように、春早くに花が咲くというウメの開花現象はよく注目されます。

しかし、ウメは、春早くに花を咲かせるために、一年間をかけて、準備しています。「なぜ、ウメは、まだ寒い春早くに開花するのか」との〝ふしぎ〟を解くためには、ウメが、どのように花を咲かせる準備をしているのかという〝ひみつ〟を知らなければなりません。

ウメは、花の咲く前の年の夏にツボミ（花芽）をつくります。だからといって、秋に花を咲かせると、すぐにやってくる冬の寒さのために、タネ（子孫）を残せません。ですから、秋には花を咲かせないのです。

「秋に花を咲かせると、すぐにやってくる冬の寒さのために、タネを残せないというけれど、キクやコスモスなどは、秋に花を咲かせ、タネを残しているではないか」との疑問があるかもわかりません。

キクやコスモスなどは、九月から一〇月に花を咲かせても、二ヵ月以内にはタネをつくり終え、タネで冬の寒さを越すことができます。一方、ウメのような花木では、タネをつくり終えるまでの期間が長くかかります。

たとえば、ウメが二月下旬から三月上旬に開花すると、結実するのは、三ヵ月後の五月下旬から六月になります。そのため、秋に花が咲いてしまうと、タネができる三ヵ月後は、真冬になってしまいます。つまり、ウメは、冬の寒さが来るまでに、タネをつくり終えることができないのです。それでは、子孫（タネ）が残りません。

そこで、ウメは、秋の間に、寒さを乗り切るための「越冬芽《えっとうが》」という硬い芽をつくり、その中にツボミを包み込んで寒さから守ります。そのしくみはわかっています。秋になって、夜が長くなってくると、葉っぱが夜の長さに呼応して、「アブシシン酸」という物質をつくります。この物質が葉っぱから芽に送られ、芽にたまると、芽は越冬芽になるのです。

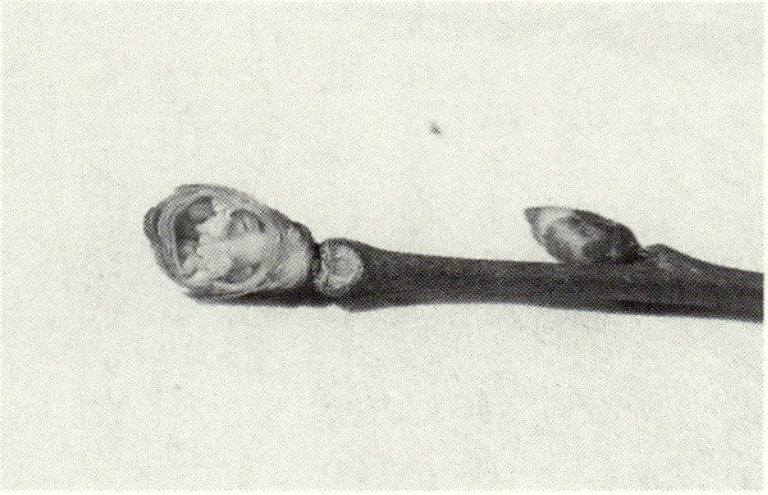
ウメの越冬芽（断面）

越冬芽は、秋から冬にかけて成長せず、じっと同じ状態にあります。冬の寒さの中で、この姿を見ていると、「気温が低いために、成長しない」という印象を受けます。しかし、そうではありません。

越冬芽は、〝眠っている〟と表現される状態にあるのです。といっても、「越冬芽が、気温が低いために成長しないのではなく、〝眠っている〟ということはどうしてわかるのか」という疑問が浮かびます。この疑問は、簡単な実験で解くことができます。

もし気温が低いために成長しないのなら、暖かいところに移せば、成長するはずです。ところが、晩秋か初冬に、越冬芽のついた梢《こずえ》を切り取り、暖かい部屋に置いてみても、越冬芽は成長をはじめません。

眠っていない芽なら、すぐに成長をはじめます。たとえば、〝眠りから目覚めた〟と表現される春の越冬芽は、暖かい部屋に置くと、すぐに成長をはじめます。ですから、晩秋か初冬の越冬芽には、〝眠っている〟という表現が使われるのです。越冬芽は、〝眠っている〟という状態を強調するように、〝休眠芽〟ともいわれることがあります。

では、「なぜ、春の越冬芽は、〝眠りから目覚めた〟といわれるのか」との疑問が浮かびます。あるいは、「どうして、冬に眠っていた越冬芽が、春には〝眠り〟から目覚めているのか」との疑問がおこります。

越冬芽は、冬の寒さを感じると、〝眠り〟の状態から目覚めるのです。眠りの原因となったのは、秋に葉っぱから送られてきたアブシシン酸です。ですから、低温を受ける前の越冬芽の中には、この物質が多く含まれます。

この物質は、寒さを感じることで分解されます。そのため、低温を受けるにつれて、越冬芽の中で、この物質の量が少しずつ減少します。この物質が減少すれば、眠りから目覚めて、いつでもツボミが成長をはじめる状態になります。

すると、一月ごろには、芽は〝眠りから目覚めた〟という状態になるのです。ところが、そのころには、気温がまだ低いために、ツボミは大きくなれず、花は咲くことができないのです。

冬の低温を受けたあとのツボミの中では、暖かくなるにつれて、ジベレリンという物質がつくられてきます。この物質は、ツボミの成長を促し、開花を引きおこすのを促進する物質です。ですから、暖かくなって、この物質が増えてくると、花が咲きます。

結局、ウメが開花するためには、冬の寒さの中で、低温を受けることで開花を阻害する物質が分解され、眠りから目覚めることがまず必要です。そのあとに、暖かくなると、開花を促す物質がつくられて、開花がおこるのです。

これが、ウメの開花に至るしくみと過程です。しかし、これは、ウメだけでなくサクラの場合もまったく同じなのです。とすると、「なぜ、ウメはサクラより春早くに開花するのか」という〝ふしぎ〟が浮上します。

なぜ、ウメはサクラより春早くに開花するのか？

ウメとサクラといえば、ともに春に花咲く植物で、花ごよみや花札に使われます。一九五八年の公募によって作成された「花ごよみ」では、一月にはウメ、四月にはサクラが選ばれています。

〝花あわせ〟という遊びに用いる花札では、ウメは二月、サクラは三月の札に描かれています。このように、ウメがサクラより前の月になるのは、ウメの開花がサクラの開花より早いからです。

ウメとサクラは、北海道では、ゴールデンウィークのころに、いっしょに花を咲かせることがあります。しかし、全国的に、ウメの花はサクラの花より一～二ヵ月間ほど早くに咲きます。

「なぜ、ウメはサクラより早く花を咲かせるのか」と尋ねると、多くの人から、即座に、「ウメのほうがサクラより、低い温度で開花するから」という返事が返ってきます。この答えは、間違いではありませんが、何か物足りません。なぜなら、開花するときの気温だけにしか触れていないからです。

ウメもサクラも、春に開花すると注目されますが、前年の夏には、ツボミがすでにできています。そのため、ツボミをつくりはじめるころからは、ほぼ一年間をかけて、春の開花の準備をしているのです。

春の開花は、その一年間の努力の結晶です。「ウメのほうがサクラより、低い温度で開花するから」という答えは、一年間の努力に触れていません。春の開花に一年間の努力が反映していないはずはないのです。

ウメがサクラより気温が低くても開花するのは確かですが、開花を迎えるまでの準備にも違いがあります。それは、ウメの花が咲きはじめる一月に、サクラに春のような暖かさを与えてみればわかります。

このとき、「春のような暖かさに反応して、サクラは開花する」と思われがちですが、サクラの花は咲きません。「なぜ、春のような暖かさを与えているのに、ウメは花咲き、サクラは花咲かないのか」との疑問がおこります。

この理由は、〝眠り〟の深さの違いです。ウメもサクラも、秋に夜が長くなってくると、葉っぱでつくられるアブシシン酸の働きで、ツボミは眠ります。でも、ウメのツボミの眠りは浅く、サクラのツボミの眠りは深いのです。そのため、眠りから目覚めるためには、ウメのツボミは少しの寒さにさらされればよく、サクラのツボミはウメよりも厳しい寒さに長い期間さらされる必要があります。

一月ごろには、眠りの浅いウメのツボミは、眠りから目覚めているので、少し暖かければ、花を咲かせます。一方で、サクラのツボミは、眠りからまだ目覚めていないので、花を咲かせません。地方にもよりますが、二月中旬にはサクラのツボミも目覚めているので、そのころから春のような暖かさを与えると、サクラは開花します。

ツボミが目覚めたあとは、多くの人が想像する通り、ツボミが開きはじめるための温度が大切です。ウメの場合には、サクラより、この温度が低いのです。そのため、もしもウメもサクラも、ツボミが同じように眠りから目覚めた状態だとしたら、少しの温度の上昇で、ウメがサクラより早くに花を咲かせます。

毎年、同じ地域では、ウメがサクラよりも早くに花が咲くのは、開花に必要な温度が低いことが大きな理由です。しかし、ウメのツボミは、サクラのツボミよりも眠りが浅く、目覚めやすいことも、もう一つの大切な理由なのです。

このような性質のために、ウメは、もっとも早く咲く九州では、一月の中旬に咲きはじめます。他の地域でもこのころには、ウメのツボミは眠りから覚めているのですが、ツボミが開きはじめる気温には達していないために、咲かないのです。そのあと、気温が上昇して開きはじめる気温に達すると花が咲きはじめてくるので、南から順に開花前線は北に上がってくるのです。

ウメに寄ってくる小鳥は？

「花が咲いているウメの木に寄ってくる小鳥は、何か」と問えば、多くの場合、「ウグイス」という答えが返ってきます。「ウメにウグイス」という言葉がよく知られているからです。しかし、花の咲いているウメの木にくる小鳥は、ウグイスではありません。

「そんなことはない。実際に、ウグイス色の羽根をした小鳥が、花の咲いたウメの木に寄ってきているのを見た」という人が多くいます。ところが、皮肉なことに、「ウグイス色の羽根の小鳥がウメの木に寄ってきているのを見た」ということが、「ウメの木に寄ってくるのが、ウグイスではない」ということの証《あか》しになるのです。

「いったい、どういうことなのか」との〝ふしぎ〟が浮かんできます。実は、ウグイスの羽根はウグイス色ではないのです。ウグイスの羽根は、ウグイス色ではなく、枯れ葉のようにくすんだ茶色がかった色をしています。それに対して、メジロという鳥の羽根は、明るい黄緑色をしたウグイス豆やウグイス餅《もち》のような〝ウグイス色〟なのです。

つまり、ウグイス色の羽根をもった小鳥は、ウグイスではなく、メジロなのです。ですから、「ウグイス色の羽根の小鳥が、花の咲いたウメの木に寄ってきているのを見た」ということは、「花の咲いているウメに寄ってきているのは、メジロである」ということの証しになってしまうのです。

「ウメの花に寄ってくる小鳥は、ウグイスではなく、メジロである」という根拠は、羽根の色だけではありません。ウグイスには、花の咲いたウメの木を選んで、わざわざ寄ってくる

ウメとメジロ

理由がないのです。

ウグイスは、藪《やぶ》や茂みの中に住み、クモや虫、その幼虫などを食べて生きています。そのため、ウグイスがクモや虫、その幼虫などを探しにウメの木に寄ってくる可能性がまったくないわけではありません。

でも、ウグイスが特に花の咲いたウメの木にわざわざ寄ってくる必然性はないのです。それに対し、メジロは、花の蜜《みつ》を吸うのが好きな小鳥です。ですから、メジロは、ビワやツバキ、サザンカなどの花の咲いた木によく寄ってきます。もちろん、花の咲いたウメの木にも寄ってきます。

メジロは、「メジロ（目白）」という名前の通りに、目のまわりが印象的に白いのです。英語名でも、メジロは「ホワイト・アイ（白い目）」

です。もし、ウメの木に小鳥が寄ってきていたら、その小鳥の羽根の色と目のまわりを見て確認してください。メジロだということが確かなものになります。

ウグイス豆やウグイス餅のような明るい黄緑色は、メジロ色とはいわれずに、ウグイス色といわれています。でも、私たちの思っているウグイス色は、ほんとうは「メジロ色」といったほうがいいのです。

では、「なぜ、メジロの羽根の色をウグイス色というような誤解がおこったのか」との疑問が生まれます。これについて定かなことはわかりません。でも、春の情景を想像すれば、何となくわかるような気がします。

春の花の香りを一足早く届けるように、ウメの花が咲きます。そのころ、「ホーホケキョ」という愛嬌《あいきょう》のある鳴き声が、春の訪れを告げるように聞こえてきます。これはよく知られたウグイスの鳴き声です。

その声を耳にして、ふと、花の咲いているウメの木を見ると、春にふさわしい明るい黄緑色の羽根をした小鳥がいます。これはメジロなのですが、「この小鳥が鳴いたのだ」という誤解が生まれたのでしょう。そのため、「ウグイスは、黄緑色をしている」と思われ、メジロの羽根の色がウグイス色となったのでしょう。

「ウメにウグイス」という取り合わせは、「ウメにメジロ」に改められることもなく、広く受け入れられています。その理由は、ウメとウグイスは、ともに春の訪れを感じさせてくれる植物と動物だからです。

ウグイスは、その鳴き声で春の訪れをいち早く告げてくれるので、「春告鳥」という名をもっています。一方、ウメは、春に花を咲かせる多くの植物に先駆けて花を咲かせるので、「春告草」とよばれます。そのため、春の香りを漂わせるウメと、春の訪れを告げるウグイスは、絵になる取り合わせになっているのでしょう。

ところで、ここで、「ウメは草ではなく樹木なのに、なぜ、『春告草』のように草になっているのか」との疑問があります。ウメを草とする根拠は不明ですが、草や木、鳥や月などの異名が集めてある、室町時代の歌集『蔵玉和歌集《ぞうぎょくわかしゅう》』では、春告草はウメとされています。ウメは、この和歌集で、「匂草《においぐさ》」、「香散見草《かざみぐさ》」、「風待草《かぜまちぐさ》」などと「草」という呼び名で詠まれています。

「草」という呼び名が、樹木を含めた植物に用いられることがあるのです。たとえば、「秋の七草」の中には、ハギが入っていますが、ハギは草ではなく木です。また、「毒草」という言葉が用いられるときには、必ずしも草だけでなく、シキミやアセビなどの木が、その中に入れられることがあります。

なぜ、ウメとサクラは、日本を代表する〝二大花木〟なのか？

　ウメとサクラは、日本を代表する〝二大花木〟とよばれます。そこで、「なぜ、この二つが〝二大花木〟なのか」という〝ふしぎ〟が生まれます。ウメとサクラには、日本の二大花木と評価されるにふさわしい共通点がいくつかあります。

　その一つは、ウメもサクラも、ともに、〝名所〟といわれる場所があることです。日本全国のそれぞれの地域に、この二つの植物の名所があります。そこでは、花が咲く前には、開花予報が出され、花が咲きはじめると、開花情報が発表されます。

　花が多く咲くころには、〝梅祭り〟や〝桜祭り〟など、開花を祝う〝祭り〟が行われます。このように、開花すれば〝お祭り〟をしてもらえる植物は数少なく、ウメとサクラは、日本の二大花木と評価されるにふさわしい植物となっています。

　ウメとサクラには地域ごとに花見どころがありますが、古くから全国的に名高い名所があります。ウメでは、日本一のウメの果実の産地である和歌山県日高《ひだか》郡みなべ町の南部梅林がよく知られています。ウメの果実の生産量が和歌山県に次いで多い群馬県には、「群馬三大梅林」といわれる秋間《あきま》梅林、榛名《はるな》梅林、箕郷《みさと》梅林の名前が知られています。

　サクラでは、奈良県の吉野山《よしのやま》、青森県の弘前《ひろさき》公園、長野県の高遠城址《たかとおじょうし》公園が「日本三大桜名所」とされます。その他にも、東京都の上野《うえの》公園や、京都府の円山《まるやま》公園などが、日本を

キンシバイ

サクラソウ

代表するサクラの名所です。

二大花木にふさわしい二つ目の共通点は、ウメもサクラも、その名前が多くの植物の名前に使われていることです。ウメなら、シャリンバイ、ユスラウメ、キンシバイ、ロウバイ、バイカモなど、花の形がウメに似ているいくつかの植物の名前に、〝ウメ〟が使われています。それぞれ、漢字では、車輪梅、山桜桃梅（あるいは、梅桃）、金糸梅、蠟梅、梅花藻という字が当てられ、「梅」が使われています。

シャリンバイやユスラウメは、ウメと同じバラ科ですが、キンシバイはオトギリソウ科、ロウバイはロウバイ科、バイカモはキンポウゲ科で、ウメと植物学的にはつながりはありません。にもかかわらず、ウメという名前が使われているのです。ウメの人気にあやかろうと、名づけられたものなのでしょう。

サクラなら、セイヨウミザクラ（オウトウ）、サクラソウ、コスモス、シバザクラなどは、花の印象がサクラに似ています。そのため、それぞれ、西洋実桜（桜桃）、桜草、秋桜、芝桜という字が当てられ、〝桜〟という文字が使われます。

オウトウはサクラと同じバラ科ですが、サクラソウはサクラソウ科、コスモスはキク科、シバザクラはハナシノブ科の植物で、サクラとは植物学的につながりはありません。これらも、サクラの人気にあやかろうと、名づけられたものなのでしょう。

ウメとサクラは、多くの人々に開花が待ち望まれ、花が咲けば祭りでもてはやされる〝名所〟があり、他の植物名に名前が使われます。これらが、ウメとサクラは〝二大花木〟とよばれるにふさわしいものにしています。

でも、その他にも、〝二大花木〟にふさわしい共通点があります。ウメもサクラも、家紋、神紋として、紋に使われることです。ウメの家紋とサクラの家紋の違いを含めて、次の項で紹介します。

ウメとサクラの家紋の違いは？

ウメやサクラの花の絵は描きやすいので、多くの人は、求められれば、それらしいものを描くことができます。五枚の丸い、あるいは、楕円形《だえんけい》の花びらが輪のように並べられます。その真ん中にメシベが一本、そのまわりにオシベが五本ほど描きこまれます。

正しくは、ウメやサクラのオシベの本数は、そのように少なくありません。品種にもよるでしょうが、二〇本を超えるものが多くあります。でも、「オシベの本数は、ほんとうは五本よりもっと多いよ」と注意されることはありません。これで十分に、ウメやサクラの花らしく見えるからでしょう。

しかし、「どのように、ウメとサクラの花の区別をつけるのか」との〝ふしぎ〟を感じる人もいるでしょう。ウメとサクラの区別をつけるために、サクラの場合には、それぞれの花びらの先端に浅い切れ込みを入れて、ハート型にします。この花びらが五枚、環状に並べば、ウメと区別されて、サクラの花らしく見えます。

このように、ウメやサクラの花は描きやすい形をしています。また、ウメとサクラは、多くの人に好かれてきたという歴史があります。これらの理由のために、ウメとサクラは、神紋、家紋として多く用いられています。

ウメの花は、この花をこよなく愛した平安時代の貴族であり学者であった、菅原道真を祀る天満宮の神紋に使われます。京都府の北野《きたの》天満宮、福岡県の太宰府天満宮、大阪府の大阪天満宮、山口県の防府《ほうふ》天満宮や福島県の小平潟《こびらがた》天満宮などの神紋は、いずれもウメの花です。家紋としては、ウメの花は、安土桃山《あづちももやま》時代の武将であり、加賀《かが》藩の藩祖であった前田利家《まえだとしいえ》のものとして使われています。

サクラの花は、京都市北区の平野《ひらの》地域にある平安時代に建立された平野神社の神紋でよく知られています。境内はサクラの名所で、毎年四月一〇日には、「桜花祭」という祭りが行われます。「サクラは吉野」といわれる奈良県吉野郡にある吉野神宮や、神戸市の街中にあって「生田《いくた》の森」とよばれる生田神社の神紋にも、サクラの花が使われています。

サクラの家紋は、多くの武将に使われています。その中でも、江戸時代に肥後《ひご》五四万石の

裏梅紋（左）と裏桜紋

領主となった細川忠利《ほそかわただとし》がよく知られます。また、女優の吉《よし》永《なが》小百合《さゆり》さんの家紋にも、サクラの花が使われています。

ウメもサクラも、家紋や神紋として、表側から見た花の姿が使われています。ですから、オシベ、メシベが見えます。ところが、ウメとサクラは、花の裏から見た姿も家紋になっていることがあります。この場合、それぞれ、「裏梅紋」、「裏桜紋」といわれます。花びらが「がく（萼）」で支えられている姿をしており、オシベ、メシベは描かれていません。

ウメが、サクラをうらやましがるのは？

ウメとサクラには、共通の性質が多くあります。しかし、ウメには、サクラにある特徴のいくつかが欠けています。ウメは、サクラのもつそれらの特徴的な性質をうらやましがっているかもしれません。

そのように思うと、「ウメとサクラには、どのような性質の違いがあるのか」との疑問が改めて生まれます。同時に、「ウメがサクラをうらやんでいるというのは、どのようなことか」との〝ふしぎ〟が浮上します。

ウメがサクラをうらやましがる一つ目は、サクラが色の名前に使われることです。桜色といえば、サクラの花のようにほんのりと赤みを帯びた色を指します。桜色をした魚のタイ（鯛）は、桜鯛といわれます。それに対し、ウメ色とはいわれません。

ウメがサクラをうらやましがる二つ目は、葉っぱの香りです。サクラの花の香りはウメに比べて弱いですが、葉っぱからは、おいしい香りが発散します。葉っぱを傷つけると、ほのかに桜餅の香りがします。これは「クマリン」という物質によるものです。

この香りは、人間にはおいしさを感じさせますが、虫には嫌な香りなのです。葉っぱが傷つけられるということは、サクラにとっては、虫にかじられるということです。そのため、虫の嫌がる香りを発散させて、虫を追い払おうとしているのです。

ソメイヨシノなどのサクラの葉っぱから、この香りは漂います。でも、古くから、桜餅に使われる場合には、オオシマザクラの葉っぱを一年間塩漬けにしておくという、香りが強く漂うような工夫がなされています。

ウメがサクラをうらやましがる三つ目は、赤ちゃんにつけられる名前です。その年に生まれた赤ちゃんにつけられる名前の人気ランキングが、いくつかの企業から発表されます。それによると、毎年、サクラという名前はランキングの上位にあります。

たとえば、二〇一六年のある調査では「葵（あおい）」が第一位でしたが、「さくら」が第二位でした。サクラに由来する名前としては、この年は他にも、第五位に「咲良（さくら）」があり、第一一位に「美桜（みお）」があります。サクラの名前や「桜」という文字は、女の子の名前として、人気なのです。

ウメがサクラをうらやましがる四つ目は、サクラが童謡や唱歌に歌われることです。曲名は「さくら」であるとか「さくらさくら」であるとかいわれますが、「さくら　さくら　やよいの空は」などと歌われます。

ウメにも、文部省唱歌の「梅に鶯《うぐいす》」というのがあるのですが、多くの人は、この童謡を歌うこともないし、耳にすることもありません。ウメはサクラとともに、「ウメは咲いたか、サクラはまだかいな」と歌われることがあります。これは、小唄《こうた》といわれるものです。節をつけて歌われますが、多くの人に口ずさんでもらえるものではありません。

ウメにとっては、サクラのように、童謡や唱歌に歌われることがないのが残念でしょう。

ウメが、サクラから、うらやましがられるのは？

ウメには、サクラにはない特徴がいくつかあります。サクラは、ウメのそれらの特徴的な性質をうらやましがっているかもしれません。では、「サクラがウメをうらやんでいるというのは、どのようなことか」との〝ふしぎ〟が浮上します。

ウメがサクラからうらやましがられる特徴は、いろいろ考えられますが、その一つは〝香り〟でしょう。ウメの果実の最高級品といわれる「南高梅」の産地、和歌山県日高郡みなべ町の梅林は、「一目百万、香り十里」と称されます。「ウメの木が一〇〇万本見渡せ、香りは一〇里（四〇キロメートル）も飛び漂う」という意味です。

「一〇〇万本のウメの木がある」とたとえられる、南部梅林のウメの木は、実際は約八万本と発表されていますが、それらから漂い出る香りは、風に乗れば、「一〇里も飛ぶ」と表現されます。

漂う距離だけでなく、香りの質で、ウメの香りはひと味違うものになっています。かぐわしい香りを形容する言葉に〝馥郁《ふくいく》〟という語句があります。これは、質の高い香りにしか似合わないものです。

この言葉にもっともふさわしいのが、高い香りを漂わせる花の中でも、とりわけウメの花なのです。「ウメは、馥郁とした香りを漂わせる」のように使われます。サクラには、このようにたとえられるほどの香りはなく、ウメをうらやましがっているでしょう。

ウメでは、花の季節が終わると、果実がなります。これも、ウメがサクラからうらやましがられる特徴の一つです。ウメの果実は、梅干し、梅酒、大福茶《おおぶくちゃ》などとして、私たちにいろいろ利用されています。サクラも小さな果実をつくることはありますが、私たち人間が食用とするものではないので興味がもたれません。

「サクランボがあるではないか」と言う人がいるように、サクランボがサクラの果実と思われていることもあります。でも、サクランボは「オウトウ（桜桃）」という別の種類の樹木の果実です。

果実にまつわる、「モモ、クリ三年、カキ八年」という言い伝えがあります。これは、発芽してからはじめて実がなるまでのおおよその年数を示しています。「モモやクリでは、芽が出てから三年目、カキでは、八年目になると、花が咲き、果実ができはじめる」ということです。

この言い伝えには、続きがあります。たとえば、「モモ、クリ三年、カキ八年、ウメは酸い酸い一三年」といわれ、ウメが登場します。ただ、ウメは、実際には、芽が出てから花を咲かせ実をつけるまでに、一三年もかからず、二～三年です。

ウメの果実である梅干しの味について、よく〝ふしぎ〟に思われることがあります。梅干しの味は酸っぱいです。この〝酸っぱさ〟は、主にクエン酸という〝酸性〟といわれる物質の味です。ですから、梅干しの味は、酸性の酸っぱさの代表として、多くの人に知られています。

ところが、梅干しは〝アルカリ性食品〟といわれます。「なぜ、酸性の酸っぱい味をしている梅干しが、アルカリ性食品といわれるのか」との〝ふしぎ〟が浮かびます。この〝ふしぎ〟には、梅干しの〝ひみつ〟の成分が隠されています。

「ある食品が、酸性であるか、アルカリ性であるか」は、味で決められるのではないのです。その食品を燃焼させたあとに残る物質で、決まることになっています。梅干しを燃やすと、〝酸性〟といわれるクエン酸は残りません。

梅干しが燃えたあとには、カルシウムやマグネシウム、カリウムなどが多く残ります。これらの物質は、アルカリ性をもたらすものなのです。そのため、からだをアルカリ性にするという意味で、梅干しはアルカリ性食品といわれるのです。

「なぜ、燃やしたあとの状態で決めるのか」との疑問があります。燃やしたあとの状態を調べるのは、この食品を食べて消化されたあと、からだの中に何が残るかを知るための方法なのです。食品を食べて体内で消化したあとにからだに残るものと、その食品を燃やすと残るものが、同じなのです。

また、サクラがウメをうらやましがらねばならない言い伝えもあります。「サクラ切る馬鹿、ウメ切らぬ馬鹿」です。これにはウメもサクラも名前が出てくるのですが、この言い伝えのために、サクラはウメをうらやましがるのです。

これは、「サクラの枝は切ってはいけないが、ウメの枝は切らなければならない」という意味です。この言い伝えのおかげで、ウメは盆栽として多く栽培されるのに対し、サクラは盆栽にはなれないのです。

「ウメの枝は切らなければならない」ということは、ウメは枝を切らないと、枝が長く伸び、花がきれいに咲かないだけでなく、木が大きくなり、ウメの果実が取りにくくなることを示しています。また、木が大きくなりすぎると、できる果実の個数が減る傾向があります。

さらに、ウメは、枝を切っても病気になりにくいのです。だから、ウメは盆栽にしやすく、実際に、ウメの盆栽は多くあります。ウメの盆栽を展示する「盆梅展」が、毎年、各地で春早くに開かれます。

それに対し、サクラは、枝が切られると、その切り口から病原菌が入り込み、病気になりやすいのです。ですから、サクラは盆栽には適しません。ただ、サクラの盆栽がまったくないわけではなく、ときどき見かけることはあります。しかし、それらは、枝を切っても病気になりにくいサクラの品種を選んでつくられているものです。ですから、ごくまれであり、めずらしいものです。

第二話

アブラナの“ひみつ”

アブラナの花は十字架の形

アブラナは、アブラナ科に属し、ヨーロッパから西アジアあたりを原産地とする植物です。この植物は、日本には弥生《やよい》時代に伝えられ、広く栽培されてきました。あざやかな黄色い花は、古くから多くの人々に愛されてきています。

文部省唱歌「朧月夜《おぼろづきよ》」に「菜の花畠《なのはなばたけ》に　入日《いりひ》薄れ」と歌われているように、この植物は、「ナノハナ（菜の花）」ともいわれます。この名前は、多くの場合、アブラナを指しますが、花の色や形が似ているアブラナ科の仲間であるハクサイやコマツナの呼び名にも使われます。千葉県では、ナノハナという名前で、「県の花」として親しまれています。

「ナノハナを好んだ」として、よく知られる作家がいます。その人が亡くなった二月一二日は、その業績を偲《しの》ぶ日として、「菜の花忌」となっています。これは、小説『菜の花の沖』を残した司馬遼太郎《しばりょうたろう》の命日です。

アブラナには、「油菜」という漢字が当てられています。これは、この植物が食用油の原材料であるためです。この植物には、「ナタネ（菜種）」という呼び名もありますが、「ナタネ油」のように、とられた油の名前にも使われます。

十字形のアブラナの花

アブラナの花は、四枚の花びらと四枚のがく（萼）からなり、十字形のように咲きます。そのため、「十《じゅう》字《じ》花《ばな》」とよばれます。オシベは六本で、そのうちの四本は長く、二本は短くなっています。メシベは一本です。花びらの色はあざやかな黄色であり、これはカロテノイドという色素によるものです。

古くから日本にあるアブラナに加えて、ヨーロッパ原産のセイヨウアブラナが、明治時代初期に導入され、多く栽培され、植物油の原料となっています。近年、この植物はセイヨウカラシナなどとともに河川の堤防などに繁殖し、春早くに、黄色の花があちこち一面に咲くようになりました。

アブラナ科の仲間は、世界中に、約四〇〇属、三〇〇〇種余の植物があるとされます。身近な野菜では、ダイコン、カブ、ハクサイ、キャベツ、ブロッコリー、ワサビ、カラシナ、コマツナ、チンゲンサイ、クレソン、ケールなどが仲間です。

花に秘められた工夫とは？

アブラナは、春早くに、黄色の花をあちこちの畑一面に咲かせます。その景観は、美しく、春の訪れを感じさせてくれます。

ところが、多くの人には、この植物が花を咲かせる前の姿が容易に思い浮かびません。「花を咲かせる前は、どのような姿をしていたのだろうか」という〝ふしぎ〟が感じられます。

この植物は、茎を伸ばさず、株の中心から放射状に複数枚の葉っぱを、地面を這《は》うように広げる姿で成長します。アブラナは、花が咲くころが近づくと、ぐんぐん背丈を伸ばします。「一日に、一〇センチメートルも伸びる」といわれます。

「なぜ、そんなに急いで、背丈を伸ばし、花を咲かせるのか」との〝ふしぎ〟が感じられます。春早くに花を咲かせるアブラナは、暑さに弱い植物なのです。そのため、夏の暑さに出会うまでに、花を咲かせてタネをつくり、そのタネで夏の暑さをしのごうとしているのです。

このように説明すると、「春に花咲くアブラナは、春の間に、もうすぐ暑くなることを前もって知っているのか」という疑問が浮かびます。そして、「春の間に、どのようにして、アブラナはもうすぐ暑くなることを前もって知るのか」という〝ふしぎ〟が生まれます。アブラナが、春の間に、夏の暑さがもうすぐやってくるということを知る能力をもっているとは想像されません。でも、アブラナだけでなく、春に花咲く植物の多くは、その能力をもっているのです。

では、それらの植物はどのようにして、暑さの訪れを前もって知るのでしょうか。その疑問に対しては、「植物は、葉っぱで夜の長さをはかるから」というのが答えです。この答えを知れば、次は、「葉っぱが夜の長さをはかれば、植物は暑さの訪れを前もって知ることができるのか」という疑問が出ます。これに対しては、「前もって知ることができる」が答えとなります。

実際に、夜の長さの変化と気温の変化の関係を考えると、この答えはわかりやすく理解されます。昼の長さは、「日長《にっちょう》」といわれますが、一二月下旬の冬至を過ぎると、日長はだんだんと長くなり、夜がだんだんと短くなります。

そして、夜がもっとも短いのは、夏至の日です。この日は六月下旬です。それに対し、もっとも暑くなるのは八月ごろです。ですから、植物は夜の長さをはかることによって、暑さの訪れを約二ヵ月前に知ることができるのです。

アブラナは、秋にタネから発芽し、冬の低い温度にさらされたあと、夜の長さをはかり、背丈を伸ばし、ツボミをつくり、株の先端で花を咲かせているのです。背が高くなった状態で株の先端で花を咲かせるのは、他の植物や葉っぱの陰にならないようにして、ハチやチョウにできるだけ目立つようにしているのです。

この植物の花は、小さなものです。そのため、目立つように、高いところで咲かせるのです。それだけでなく、いくつかの花が球状に集まって、大きな花のように見せます。さらに、この植物は、花を咲かせるときには、ハチやチョウに目立つための、別の工夫も凝らしています。

太陽の光には、いろいろな色の光が含まれています。私たち人間は、その中の紫色、青色、緑色、黄緑色、黄色、橙色《だいだいいろ》、赤色などの光を見ることができます。これ以外に、太陽の光には、私たちには見ることができない紫外線が含まれています。

ところが、ミツバチやチョウなどは、紫外線を見ることができるのです。とすると、「私たち人間と、ハチやチョウでは、同じ花であっても、色や模様が異なって見えているのではないか」との〝ふしぎ〟が浮かんできます。実は、その通りなのです。

たとえば、人間にとっては何の模様もない一色の花であっても、昆虫には色が違ったり、紫外線のために模様がついていたりして、違った花に見えているのです。アブラナの花は、その代表的な例です。

私たちの目には、この植物の花は黄色の一色で、模様はありません。でも、ハチやチョウにとっては、蜜のある場所を示す模様がある花です。紫外線を感じることができるカメラで撮った花の写真を見ると、花びらには、紫外線を反射するまわりの部分と吸収する中央の部分があることがわかります。この部分が、ハチやチョウには、花びらの模様として見えているのです。

このような模様は、ハチやチョウにとって、花の目印となるとともに、花粉や蜜がある花の中心部に誘うのに役立っているのです。そのため、その模様は、「蜜標（ネクター・ガイド）」といわれます。

なぜ、トラクターですき込まれてしまうのか？

アブラナは、四月初旬までに大きく成長し、花を咲かせます。田や畑ではそのあと、田植えの前や、別の作物が植えられる前に、葉っぱや茎が土にすき込まれます。「なぜ、せっかく成長した植物が、土にすき込まれるのか」との素朴な〝ふしぎ〟が浮かんできます。これに対する答えは、アブラナの〝ひみつ〟の性質にあります。

大きく成長したアブラナの葉っぱや茎が、田植え前の田んぼや畑の土にすき込まれると、土の中にいる微生物により分解されます。分解されてできた物質は、田んぼや畑で栽培される作物の養分となるのです。また、葉っぱや茎に含まれていたデンプンやタンパク質などは、土の中の微生物の数を増やし、それらの活動を促します。その結果、土壌の肥沃度《ひよくど》が高められるのです。

このように、植物の緑の葉っぱや茎を構成する成分が、畑にすき込まれると、肥料となって土地を肥沃なものにします。化学肥料に頼らずに土地を肥やすために、土にすき込まれる緑の葉っぱや茎などは、「緑肥」とよばれます。緑肥となる植物は、「緑肥作物」とよばれます。

アブラナは、開花する時期が春の早くなので、田植えの前に、あるいは、畑の作物が栽培されはじめる前に、大きく成長します。それらの葉っぱや茎が緑肥として役に立つので、アブラナは「緑肥作物の代表」とよばれることがあります。

アブラナ科のシロガラシも、春早くに成長し、畑一面を黄色い花で覆います。そのため、この植物も、アブラナと同じように、緑肥作物として栽培されます。

「シロガラシの『シロ』は、白い花を咲かせるからではないのか」と思われることがありますが、そうではありません。クロガラシという植物があり、そのタネの色が黒いのです。それに比べて、シロガラシのタネは白っぽくてうすい茶色をしていることが、名前のゆえんです。

「アブラナを栽培したあとの畑に、たとえばサツマイモを栽培すると、そのサツマイモは病気にかかりにくくなる」といわれます。実際に、サツマイモを栽培する農家には、この方法が取り入れられていることがあります。「どうしてなのだろうか」との〝ふしぎ〟が浮上します。

アブラナが緑肥作物の代表といわれるのには、もう一つの理由があるのです。緑肥作物では、その葉っぱや茎を構成する成分が、肥料となり、土を肥沃なものにします。ですから、どのような植物でも緑肥となることができます。しかし、緑肥作物として栽培されるものは、別の役に立つ性質をもっています。

たとえば、アブラナは「グルコシノレート」という物質を含んでおり、これが土壌中で「イソチオシアネート」という物質に変わります。この物質には、土壌にいてサツマイモなどに有害なセンチュウや病原菌の増殖を抑える効果があります。

ですから、アブラナは、緑肥作物として役に立つだけでなく、次に栽培される作物の病気を防ぐ役割ももっているのです。アブラナが私たちの役に立つのは、それだけではありません。次の項で紹介します。

なぜ、アブラナは、「無駄のない植物」といわれるのか？

アブラナは早春、畑一面に黄色い花を咲かせます。その様子は、春の訪れを十分に感じさせてくれるものなので、観光資源となります。そのため、この植物は、「美しい眺めをつくる」という意味で、「景観植物」といわれます。

アブラナは、このように観光資源としても役立ちますが、そのためだけに栽培されるのではないのです。アブラナのタネには、多くの油が含まれています。このタネから、「ナタネ油」が搾りとられます。油がとれれば、それだけで価値があります。そのうえ搾りかすは、油かすとして肥料になり、家畜の飼料としても使われます。

「ナタネ油」は、家庭や学校給食などで天ぷら油として使われます。そして、使われたあとの油は、廃油として、自治体などにより回収されます。廃油は、精製・加工されて、バスやトラックのディーゼルエンジンを動かす燃料として利用されるのです。これは、「バイオディーゼル燃料」といわれ、いくつかの自治体のバスの燃料などに使われています。

「なぜ、アブラナのタネから、油がとれるのか」との〝ふしぎ〟があります。アブラナだけでなく、タネに多くの油をためる植物は、ゴマ、ダイズ、ヒマワリやピーナッツなどが知られています。

「なぜ、このような植物が油をためるのか」との疑問が浮かびます。多くの植物のタネがもつ三大栄養成分は、炭水化物、タンパク質、脂質です。タネの中にどの栄養成分が多く含まれているかは、植物の種類により異なります。

ゴマ、ダイズ、ヒマワリやピーナッツなどが、タネに油をためる植物であるのに対し、炭水化物であるデンプンを多く含むタネは、イネ、コムギ、トウモロコシなどです。タンパク質を多く含むタネは、ダイズやエンドウなどのマメ類がよく知られています。

油は、栄養成分の脂質に当たります。脂質は、産生されるエネルギーが大きいので、タネが貯蔵する物質として、すぐれているのです。デンプンやタンパク質もエネルギー源となりますが、これらの物質は、一グラム当たり四キロカロリーのエネルギーを生み出すのに対して、脂質は、一グラム当たり九キロカロリーのエネルギーを生みます。脂質を多く含むタネがあるのは、より多くのエネルギーを蓄えることができるからです。

アブラナのツボミは、若い葉っぱとともに食用にされます。また、葉っぱや茎は、緑肥となります。タネからは油が搾りとれ、搾りかすは花壇や畑の肥料や、家畜の飼料に使われます。ナタネ油は、料理に使われたあと、ディーゼル燃料として役に立ちます。

アブラナは、まったく無駄のない植物といえるのです。

どのようにして、品種は維持されるのか？

アブラナの仲間の野菜には、ダイコン、カブ、ハクサイ、キャベツ、ブロッコリーなどいろいろあります。これらのアブラナ科の野菜には、「自家不和合性」という性質があります。これは、「自分の株に咲く花の花粉が、同じ株に咲く花のメシベについても、タネをつくらない」という性質です。

この性質は、植物が別の株に咲く花の花粉をつけることで、いろいろな性質をもつタネ（子孫）をつくるのに役立ちます。いろいろな性質の子どもがいると、その植物は、さまざまな環境の中で生きていくことができるのです。

また、自分の株に咲く花の花粉が自分のメシベについてもタネができなければ、親に隠されていた悪い性質が子どもに現れるのを避けることができます。ですから、「自家不和合性」は、植物にとって役に立つ性質なのです。

自家不和合性という性質をもつアブラナ科の植物に対して、「なぜ、自分の花粉だとタネがつくられないのか」との〝ふしぎ〟が残ります。

多くの植物では、花粉がメシベにつけば、タネができます。このとき、メシベの先端に付着した花粉から「花粉管」とよばれる管が伸びて、メシベの基部にまで到達します。その管の中を、動物の精子に当たる精細胞が移動して、メシベの基部にある卵細胞と合体し、タネができます。つまり、花粉がメシベについても、花粉管が伸びなければ、タネはできないのです。

アブラナ科の植物は、自分の花粉がついた場合には、花粉管を伸ばさせないのです。花粉管が伸びなければ、花粉の中にある精細胞とメシベの基部にある卵細胞が出会って合体することはできません。ということは、タネができないのです。

自分の花粉ではなく、別の株の花粉がついた場合には、花粉管が伸び、精細胞とメシベの基部にある卵細胞が合体します。ですから、タネができます。自家不和合性という性質をもつアブラナ科の植物のメシベは、自分の花粉と他の株の花粉を識別する能力をもっているのです。

自家不和合性という性質は、いろいろな性質の子孫を残せるので植物には都合がいいのですが、私たち人間にとっては、品種を維持していくのがむずかしいのです。なぜなら、他の株の花粉がつかなければタネができないのですから、できるタネの性質は、自分の親とは同じではありません。

品種を維持していくためには、自分の花粉を自分のメシベにつけるか、同じ品種の花粉を同じ品種につけてタネをつくります。自家不和合性のアブラナの仲間では、これができないのです。

そのため、アブラナ科の植物では、純系の品種、あるいは、ほぼ純系に近い品種を維持できません。これらができなければ、アブラナ科の野菜では、毎年、安定した品質のものを生産できないことになります。

そこで、「どうしているのだろうか」との〝ふしぎ〟が生まれます。親の性質を維持するための〝ひみつ〟の工夫がなされています。主に、三つの方法が知られています。

一つ目は、「若いツボミでは、自家不和合性が現れない」という性質を利用する方法です。花がまだ開かない若いツボミのうちに、受粉させることです。開花する前に、人為的に、ピンセットなどでツボミの花びらを開き、オシベの花粉をメシベにつけるのです。

この方法は、一つ一つの花に人為的な処理を施すものですから、たいへんな労力がいります。でも、少数のものにするだけなら有効ですから、多くのタネをつくる必要のない研究のための実験などには使われます。

それに対し、多くのタネをとらねばならない実用的な目的のためには、二つ目の方法が使われます。それは、「二酸化炭素濃度の高い場所では、自家不和合性が現れない」という性質を利用する方法です。

ふつうの空気の中に含まれる二酸化炭素の濃度は、〇・〇四パーセントです。そこで、同じ品種を栽培する温室内の二酸化炭素濃度を三〜五パーセントと高くし、その温室内にミツバチなどを飛ばして受粉させるのです。

三つ目は、「しおれかかった花では、自家不和合性が消失している」という性質を利用する方法です。この場合には、花がしおれかかって自家不和合性が消えるまで、他の品種の花粉がつかないようにするという苦労があります。

第二話

タンポポの“ひみつ”

春を象徴する花

タンポポは、私たちの身近に育つキク科の植物です。この植物は雑草ですが、明るい春の陽光に映えて咲く黄金色の花は、大きさや色のあざやかさで、花壇で栽培される植物の花に見劣りするものではありません。パンジーやチューリップなどの栽培される植物の色とりどりの花とともに、タンポポの花は春を象徴するものです。

多くの花びらが集まっているように見えるタンポポの花の基部は、緑の部分で束ねるように包み込まれています。この緑の部分は、「総苞《そうほう》」という名前です。この部分をつくる一片は「総苞片《そうほうへん》」とよばれ、これが反り返っているかいないかは、目で見るだけで容易に識別されます。総苞が外へ反り返って曲がっているのは、外国から日本に来て繁殖している外来種のセイヨウタンポポです。

総苞片が反り返らず、花の基部をまっすぐに包み込んでいるのが、日本に昔から生息している在来種で、カントウタンポポやカンサイタンポポなどです。近年は、セイヨウタンポポと在来種が交配してできる雑種が増えているといわれます。雑種は、総苞片が反り返っているものもあれば、反り返っていないものもあり、見かけだけで判別はできません。

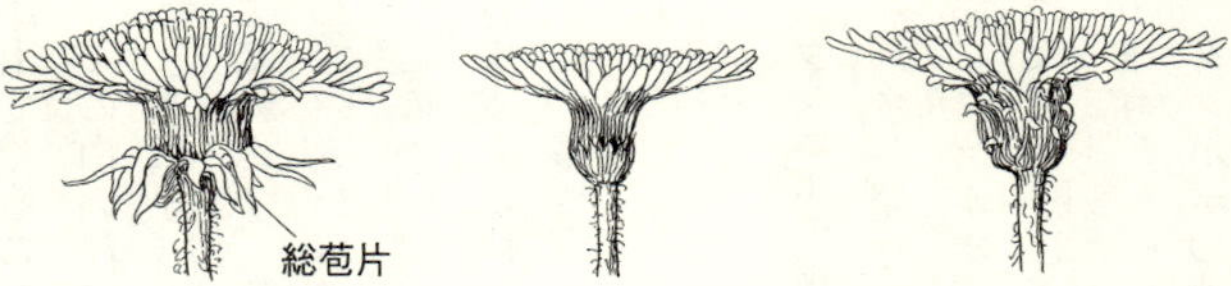

左からセイヨウタンポポ、カンサイタンポポ、カントウタンポポの花

セイヨウタンポポの原産地は、ヨーロッパです。葉っぱはサラダに使われ、根はタンポポコーヒーに用いられました。日本には、明治時代の初期に渡来しました。現在の北海道大学の前身である札幌農学校に赴任してきたアメリカ人の教師により、野菜としてもち込まれ、それが野生化したといわれています。

植物の和名に当てられる漢字には、とても読めないものが多くあります。たとえば、紫陽花や無花果、百日紅や玉蜀黍、仙人掌や満天星、金雀枝や凌霄花などです。知っていれば読めますが、知らなければ読みようもないものです。

ちなみに、これらの読み方は、順に、アジサイ、イチジク、サルスベリ、トウモロコシ、サボテン、ドウダンツツジ、エニシダ、ノウゼンカズラです。「蒲公英」も、知っていれば読めますが、知らなければ読みようもないものの一つです。これはタンポポで、この植物が漢方薬として使われるときの漢名です。

タンポポについて、よく抱かれる〝ふしぎ〟があります。葉の柄や、花を支える柄を折ると、〝白い汁〟が出てきます。「なぜ、この白い汁が出てくるのか」という〝ふしぎ〟が浮上します。

この白い汁は、葉柄や花柄を折ったときだけでなく、虫などの動物が葉柄や花柄をかじったときにも出てきます。この白い液が〝乳〟のように見えることから、この液は「乳液」とよばれます。英語では「ラテックス」であり、少しネバッとしているのは、ゴムの成分を含んでいるからです。

この液は、「虫や病原菌から、からだを守る」と考えられています。小さな虫が葉の柄や、花を支える柄をかじったときに、この液が出てくれば、虫はそれ以上はかじらないでしょう。また、傷ついたときに、こんな液が出ていると、傷口から病原菌もからだに侵入できないでしょう。

タンポポの根は、どこまで伸びるのか？

タネが発芽すると、芽は上に伸び、根は下に向かって伸びて、土の中に深く根をおろします。タンポポでは、発芽して間もない芽生えを、根ごと引き抜くのは容易です。しかし、葉っぱを展開し、成長して根をおろしたタンポポでは、根を全部引き抜くことはむずかしくなります。

タンポポの地上部の葉っぱはそんなに大きくないし、また、枚数もそんなに多くありません。そのため、「地上部を束ねてしっかりと握りしめれば、根を全部引き抜くことは簡単だろう」と思われがちです。

しかし、それでは引き抜けません。途中で根が折れたり、うまく引き抜いたつもりでも、同じところからまた生えてきたりします。そのため、「なぜ、簡単に引き抜けないのか」と不思議がられます。引き抜けないのには、〝ひみつ〟があります。

根を本気で掘り出そうと試みると、タンポポの根は意外と太くて長いことに気づきます。「主根」とよばれる根が、地中深くに伸びています。「タンポポの根は、どこまで伸びているのか」との〝ふしぎ〟が浮上するほど、深くにまで伸びています。

同じ場所で何年間も花を咲かせてきたタンポポでは、根がニンジンのように太く、ゴボウのように長く伸びています。そのため、根を全部引き抜くことは、むずかしいというより、不可能なのです。

私は、カキやイチジクを栽培する果樹園で、タンポポの根を掘ったことがあります。果樹園の土壌は、手入れが行き届いているので、やわらかく掘り出しやすいと思ったからです。ところが、太い根がずうっと土壌の深くにまで伸びていました。

その果樹園で、何年間も育ってきているタンポポだったのでしょう。とても根の先端にたどりつくことはできませんでした。一メートル近く掘りましたが、先端の姿を見ることはできませんでした。

「タンポポの根は、どこまで深く伸びるのか」という質問に、「何メートルまで伸びます」と限界の数字をはっきりと答えることはできません。根がどこまで深く伸びるかは、主に、次のような五つの条件で決まってきます。

一つ目は、地上部の葉っぱの成長です。葉っぱが、太陽の光を適切に受けて、元気に光合成をしていれば、根は深く長く伸びます。葉っぱでつくられた栄養が、根の成長のために使われるからです。

二つ目は、発芽してから、同じ場所で育っている年数です。毎年、根は成長します。冬には、地上部が枯れることもありますが、タンポポは、翌年の春には、再び元気よく成長をはじめる植物です。そのため、何年間も同じ場所で育っており、その年数が長いほど、根は、成長して、どんどん太くなり、長く深く伸びていきます。

三つ目は、土壌の肥沃さです。根が伸びるためには、葉っぱから送られてくる栄養以外に、土から吸収される養分が必要です。果樹園のような場所には、肥料が施されています。だから、根はよく伸びます。

四つ目は、土壌の通気性です。通気性があり、やわらかい土壌の中を、根は長く伸びます。土の粒子がびっしり詰まっている硬い土壌や、隙間《すきま》のない粘土質の土壌であっても、根は伸びますが、土壌はやわらかく、十分な通気性があるに越したことはありません。

五つ目は、土壌の水分が適量かどうかです。水が不足すると、根には、水を求めて深くまで伸びる性質があります。ですから、適度の水不足は、根を深くに伸ばします。しかし、あまりに乾燥しすぎた過度の水不足では、根は成長することができないので、それほど伸びません。

植物の水ストレスというと、水の不足が想像されます。でも、水ストレスには、水がありすぎるという水過剰もあるのです。水が十分ある場合、根は、水を求めて伸びる必要がないので、あまり伸びません。しかも、過剰にあり続けると、根は呼吸ができなくなり、伸びるどころではなく、根が腐るきっかけになります。

このような条件が満たされた場所で生き続けているタンポポは、地上部の葉っぱが踏まれようと、むしり取られようと、また新しい葉っぱをつくりだして、生き続けます。そのような成長を支えているのは、栄養を蓄えて、太く長く伸びている根なのです。

土壌の中に隠れて発達している根が、タンポポが強くしぶとく生き続けることができる〝ひみつ〟なのです。

どうしたら、球状の綿毛が展開するのか？

タンポポでは、花が咲き終えてしおれると、花を支えていた柄はいったん倒れます。しかし、しおれた花の基部でタネがつくられると、やがて立ち上がってきて、その先端に球状の綿毛が広がります。その姿は、この植物の象徴的なものになっています。

風が吹けば、その風に乗って、タネが球状の綿毛から遠くへ飛び散ります。タンポポの子どもたちの新しい生育地を求めての旅立ちです。この植物は、そのようにして、生育地域を広げていくのです。

綿毛は、突然に、球状に展開してくるような印象があります。そのため、花がしおれたあと、日が経てば、自然に綿毛が広がるのだろうと思われがちです。でも、そうではありません。綿毛が球状に広がるためには、広がるための〝ひみつ〟があります。「どのような〝ひみつ〟なのか」との興味がもたれます。

タンポポの球状の綿毛が広がるためには、花がしおれたあと、乾燥する必要があるのです。乾燥するにつれてタネがつくられ、綿毛を支える柄が長く伸びるのです。しおれた花が乾燥するときには、空気も乾燥していますから、風が吹けば、遠くへ飛び散ることができます。

「タンポポは、何のためにタネを遠くへ飛び散らせるのか」という疑問がおこります。植物は動くことはありませんが、タネのときには、生育する場所を移動することができます。同

タンポポの綿毛（撮影・中島正晶）

じ場所や狭い範囲だけで生育していると、そこで生きていけなくなったとき、全滅してしまいます。

たとえば、その場所が、多くの雨で水に浸ってしまったり、夏の暑さと少ない雨で水不足になったりすることがあります。あるいは、私たちにいっせいに刈り取られたり、除草剤を散布されたりすることもあるでしょう。そのため、タンポポにとっては、いろいろな環境の場所に生育することや、広い範囲に生育していくことは大切なことなのです。

綿毛が広がるときに空気が湿っていれば、遠くへ飛び散ることはできません。極端な場合、雨が降っているようなときには、綿毛はすぐに落ちてしまいます。空気が乾燥していると、タネは、遠くへ、また、広く飛び散ることができ

容器の中で展開する前（左）と展開した後の綿毛

ます。そのため乾燥すると綿毛は大きく開くのです。

「しおれた花が乾燥すれば、綿毛が球状に開く」という〝ひみつ〟を利用すれば、おもしろい作品ができます。想像してみてください。小さなペットボトルかガラス瓶のような容器の中に、タンポポの球状の綿毛が入っています。

容器の口は、中に入っている球状の綿毛の広がりよりも小さく、とてもその口から入れられたようには思えません。「どうして、球状の綿毛が中に入れられたのだろう」と〝ふしぎ〟に思われる写真を撮ることができます。

一見すると〝ふしぎ〟ですが、この作品のつくり方は簡単です。広がった球状の綿毛が入れられたのではなく、広がる前のしおれた花が容器に入れられ、そのあとに、容器の中で、綿毛が球状に広がったのです。

タンポポの花がしおれてしぼんだときに、花を支える柄を少しつけて切り取ります。その柄は空洞ですから、その中に針金を通して、花の基部に刺し込みます。刺し込んだ針金の反対側を、しおれた花が立つように曲げたり、消しゴムに刺したりの工夫をして立つようにし、小さな口の容器に入れます。

そのあと、針金の曲げられた部分や消しゴムなどを隠すように、容器の底にシリカゲルなどの乾燥剤を入れます。数日が経過して、しおれた花が乾燥すると、綿毛が球状に展開します。

「どうして、球状の綿毛が中に入れられたのだろう」という〝ふしぎ〟な作品が、こうして完成します。


なぜ、タンポポの〝花茎〟の中は空洞なのか?

タンポポは、茎を伸ばさず、株の中心から放射状に、多くの葉っぱを地面を這うように広げる姿で成長します。葉っぱがなるべく重ならないように出るため、上から見ると、株の姿が八重咲きのバラの花びらのような形になります。そのため、その姿は、バラの英語名のローズ（rose）にちなんで、「ロゼット（rosette）」とよばれます。

タンポポで茎のように見える柄は、花を支えている茎です。これは、「茎」のように思われますが、これには葉っぱがついていません。本来、茎には葉っぱがあるものです。この植物のほんとうの茎は、短くて、地面近くにあるだけで、姿をほとんど見せません。花を支えている茎は、「花茎」とよばれます。

タンポポの花茎は、ストローのように空洞です。「なぜ、空洞なのか」という〝ふしぎ〟が抱かれます。タンポポにとっては、花茎の中を空洞にしている〝ひみつ〟があるのでしょう。それを考えましょう。

タンポポでは花が咲いたあと、しおれた花をつけて花茎はいったん倒れます。それから日が経過して、しおれた花が乾燥してくると、花茎が立ち上がり背丈を高く伸ばして、その先端に球状の綿毛が展開します。広がった綿毛をつけた花茎は、花を咲かせている花茎よりもひときわ背丈が高くなります。

そのとき、まわりの空気は乾燥していなければなりません。綿毛が球状に広がるためには、乾燥していることが条件だからです。また、タネが飛び散るためにも、球状の綿毛は、乾燥していなければなりません。

ふつう、地面には湿り気があるので、しおれた花が乾燥した状態になったら、花茎は、土壌の湿り気を逃れるように、敏速に高く伸びます。このとき、「大気が乾燥している」というチャンスをとらえて、綿毛も乾燥して開きはじめます。

しおれた花が乾燥し、空気が乾燥しているという絶妙のタイミングをとらえて、花茎は伸びだし、綿毛は広がるのです。倒れた花茎が立ち上がり、できるだけタネを遠くへ飛ばすためには、なるべく敏速に、より高くまで伸びることが大切です。

速く高く伸びるためには、栄養分を使って中身の詰まった茎をつくっていては、時間がかかりすぎます。一方、花茎が空洞だと、伸びるために栄養分をあまり必要としません。そのため、敏速に高く伸長することができます。

しかも、綿毛が風に乗って飛んで行ってしまったあとは、花茎には、何の役割もありません。もし栄養分を花茎に詰めていても、それらの栄養は何の役にも立たず、無駄になります。ですから、花茎は、できるだけ敏速に、伸びるときだけ、伸びればいいのです。中に栄養分を詰めて強くなる必要はなく、折れて倒れない程度の強さであればいいのです。

それが、花茎を空洞のまま伸ばしているタンポポの〝ひみつ〟なのです。

花が開くための刺激は、何か？

ツボミは、大きくなってくれば、ひとりでに開くものと思われがちです。しかし、多くの植物では、そうではありません。ツボミが花開くときには、開くための刺激が必要なのです。「そのような刺激がなくても、自然の中で、ツボミは開いているではないか」と思われるかもわかりません。

「花時計」とよばれる時計があります。公園や遊園地に設置されている花時計は、花壇の上を時計の針がまわっているだけです。時計の文字盤のような形の花壇には、季節の花が咲いているので、「花時計」といわれるのでしょう。

しかし、十八世紀、スウェーデンの植物学者、カール・リンネがつくろうとした「花時計」には、まわる針は必要ありませんでした。時計盤状の花壇のそれぞれの時刻の位置に、その時刻に花を開く植物が植えられていました。そのため、どの位置の花が開いているかを見ると、時刻がわかるというのが、本来の花時計なのです。

実際に、リンネが描いた花時計には、時刻を決めて花を開く植物だけでなく、時刻を決めて花を閉じる植物も混じっていましたが、本来の花時計は、多くの植物たちが花を開く時刻を決めているという性質に基づいているものです。

では、なぜ、多くの植物たちが花を開く時刻を知るのかという〝ふしぎ〟があります。この〝ふしぎ〟には、それぞれの植物が花を開く時刻を知るための〝ひみつ〟のしくみがあります。

ツボミを開かせる刺激などが特にないように思われる自然の中でも、多くの植物は花を開くための刺激を感じています。だからこそ、その刺激を感じられる時刻にきまって開花できるのです。

多くの植物がツボミを開かせるために感じている刺激は、主に、三つに分けられます。一つ目は、朝に温度が上昇することです。二つ目は、朝に明るくなることです。三つ目は、夕方に暗くなることです。

タンポポの花は、朝に開きます。では、「タンポポは、花が開くのに、どのような刺激を感じているのか」という〝ふしぎ〟が生まれます。この〝ふしぎ〟を解くための実験を紹介します。

タンポポの一つの花（正確には、花びらのように見える一つ一つの花で、その集まりを「頭花」、あるいは「頭状花」という）は、朝に開き、夕方に閉じるという開閉運動を三日間連続して繰り返し、四日目にはしおれます。そこで、夕方に、次の日の朝に開くはずのツボミに花茎を少しつけて切り取り、水を満たした容器に挿します。このように、株から切り離したツボミでも、株についているツボミと同じ開閉運動をすることは確認されています。

このタンポポを、五度、一〇度、一五度の一定の温度に調節した、真っ暗な三つの部屋で過ごさせます。翌朝になっても、温度を変化させずに暗いままにしておくと、ツボミは閉じたままです。そこで、暗黒にしたまま、部屋の温度を高くすると、ツボミが開きはじめます。温度を高くすればするほど、ツボミは大きく開きます。この場合、開花は温度に支配されています。

温度を高くせずに、光を当てるだけでは、ツボミは決して開きません。真っ暗な中で、温度の上昇を感じて、ツボミは開くのです。この場合、タンポポのツボミは、光を感じていませんから、温度の上昇だけに反応して、花開くことになります。

ところが、夜の暗黒を二〇度で過ごさせると、ツボミは、朝、光を当てるだけで、温度を上昇させなくても開きます。この場合、温度の上昇ではなく、光が当たり明るくなることが、ツボミが開くための刺激となっています。

このように、タンポポのツボミには、温度の上昇で開く性質と光が当たると開く性質があります。朝の開花がどちらの性質に支配されておこるかは、朝を迎えるまでの夜の温度で決まります。

夜の温度が高いと、翌朝の開花は光が当たるとおこり、夜の温度が低いと、温度の上昇でおこります。関西地方に分布する主なタンポポには、三種類があります。「温度の上昇で開く」のと「光が当たると開く」のとの境目になる夜の温度は、セイヨウタンポポで約一三度、シロバナタンポポ、カンサイタンポポで約一八度です。

結局、朝の開花は、夜の温度が高いときには明るくなるとおこり、夜の温度が低いときには温度の上昇でおこります。実験で明らかになった「気温の上昇が刺激となって開花する性質」と「明るくなることが刺激となって開花する性質」が、自然の中でタンポポの開花を支配しているはずです。

ここで、「春の開花は、どちらにより強く支配されているのか」との疑問がおこります。私の住んでいる京都市にある地方気象台で、タンポポの花が多く咲く三月下旬から五月初旬の、平均的な数年間の気温を見せてもらいました。すると、京都の市街地では、午前〇時から午前六時までの温度が一八度以上の日は、一日もありませんでした。

ということは、京都市内では、シロバナタンポポやカンサイタンポポが、春に、光が当たる刺激で開くことはないのです。朝の気温が上がるのに反応して、花は開いているのです。

一方、夜間の温度が一三度以上の日は、半分くらいあります。それゆえ、「セイヨウタンポポは、日によって、光が当たると開いたり、気温の上昇で開いたりしている」と考えられます。

「ほんとうに、温度の変化や、明るくなるという刺激がなければ、タンポポの花は開かないのか」という疑問が残ります。実際に、開く直前まで大きくなったタンポポのツボミに、気温や光の条件の変化を与えないと、どうなるでしょうか。

数日以内に開くはずのツボミをもつタンポポの鉢植えを、気温が一定で、電灯をつけっぱなしの部屋に移して、数日間観察を続けると、ツボミは大きくなってきます。しかし、そのツボミは、いつまでも開花しません。だから、気温や光条件の変化がなければ、やっぱりツボミは開かないのです。

花が閉じるための刺激は、何か?

タンポポの花は、朝に開き、夕方には閉じます。夕方には、温度が低くなり、暗くなります。そのため、「温度が低くなると、閉じる」とか、あるいは、「暗くなると、閉じる」などと思われがちです。そこで、調べてみると、驚いたことに、開いた花が閉じるのには、夕方に暗くなることや、温度が低くなることは関与していませんでした。

朝に開いた花は、電灯照明で明るくし、暖かい温度に保ったままの部屋に置かれていても、開花後、約一〇時間を経過すると、閉じてしまいます。つまり、温度も光の強さも変化しなくても、開いた花は、約一〇時間が経過すると閉じるのです。

ですから、「タンポポは、開花して約一〇時間後に閉じるように決まっている」と考えざるを得ません。朝に開けば、約一〇時間後が、ちょうど夕方です。自然の中で、夕方閉じるのは、開花している時間がたまたま約一〇時間だからです。

子ども向けの本には、「タンポポの花に帽子やバケツをかぶせると、花は閉じる」と書かれていることがあります。また、「太陽が雲から出たり隠れたりするのに呼応して、タンポポの花が開いたり閉じたりする」と思っている人もいます。

しかし、私が試みた限り、暗くすることで、花が閉じることはありませんでした。といっても、何の根拠もなしに、「タンポポの花に帽子やバケツをかぶせると、花は閉じる」と書かれることはないでしょう。そのような誤解をおこす可能性を考えましょう。

閉花の過程は、短時間に急激に進むわけではありません。開花した花は、徐々に閉じていくのです。そのため、たとえば午後に帽子をかぶせておいて、数時間ほどあとに帽子をとると、かぶせたときより、花は閉じているという現象を見ることができます。だから、「帽子をかぶせると、花は閉じる」という現象になります。

しかし、これは、暗かったためではなく、開花して一〇時間後には閉じるという過程が進行しているために、数時間ほどの間に、閉花の過程が進んだのです。帽子をかぶせないタンポポの花と比較して観察していれば、「帽子やバケツをかぶせると、花は閉じる」という誤解は避けられるはずです。

二つを比べて、帽子をかぶせたほうがよく閉じていることがあるかもしれません。とすると、暗くなることが、閉花を促すということになります。しかし、その場合でも、帽子をかぶせることで、帽子の中の温度が上がり、花が閉じる反応が速く進んだ可能性も考えられます。そのため、タンポポには、「暗くすると、開いた花が閉じるという性質がある」と結論するのには、慎重でなければなりません。

タンポポの花の開閉運動とは？

タンポポのツボミは、開くための刺激を感じると、花を大きく開かせます。「閉じていたツボミが大きく花を開くために、刺激を感じたツボミの中で、何がおこるのか」との〝ふしぎ〟が浮かびます。

ツボミが花開くときには、ツボミの中の花びらの一部が外に反り返ります。このとき、花びらの反り返る部分の内側が伸びており、外側はほとんど伸びていません。結局、花が開くための刺激を受けると、花びらの内側の一部分がよく伸び、その部分の外側があまり伸びないために、開花という現象がおこっているのです。

では、「花が閉じるときには、花の中で何がおこっているのか」との疑問が浮かびます。開いた花では、花びらの一部が外に反り返っています。この部分で、花びらの外側が伸びて内側が伸びなければ、花は閉じていきます。

花が閉じるときには、花びらの内側が伸びずに、外側がゆっくりと伸びているのです。その結果、開くときに生じた、花びらの内側と外側の伸びの差が解消されて、花びらの反り返りがなくなります。これが、閉花という現象です。

「開花は、花びらの内側がよく伸び、外側があまり伸びないためにおこり、閉花は、花びらの内側が伸びずに、外側が伸びるためにおこる現象である」ということを理解すると、ある〝ふしぎ〟が浮上します。「開花と閉花を繰り返していると、花びらが大きくなるのか」というものです。

この〝ふしぎ〟に対しては、「その通りです。開閉を繰り返すと、花びらは大きくなります」が答えです。このしくみは、タンポポに限らず、花を開閉させる植物には共通です。ですから、開閉運動を約一〇日間繰り返すチューリップの花びらでは、ツボミが開いた一日目の花と、約一〇日後のしおれる花の大きさを比べると、二倍以上に大きくなっていることもめずらしくありません。

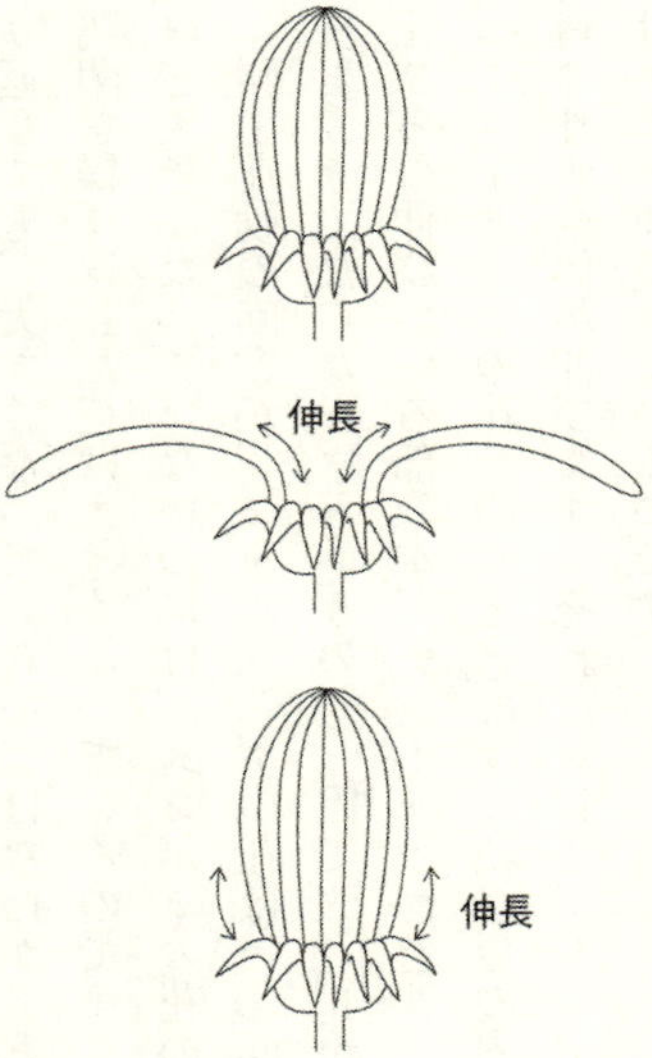

屈曲部の伸長

「タンポポの花は、三日間、開閉を繰

り返しても、大きくなっていないではないか」という疑問がおこります。実はタンポポでも、開閉を繰り返した花は大きくなっているのです。でも、チューリップの花のように、目立つほど大きくなっていないのには、タンポポの花の〝ひみつ〟があるのです。

「開閉運動の回数が、チューリップの花は一〇回に対して、タンポポは三回だから、目立つほど大きくならない」というのも一因です。しかし、もっと大きな理由は、花が開くときに、花びらの伸びている部分が、チューリップとタンポポでは異なるのです。

チューリップの花が開くときには、花びらの内側全体が伸びます。閉じるときにも、花びらの外側全体が伸びます。それに対して、タンポポの花が開くときには、花びらの一部分だけが外へ曲がっているのです。

花びらの基部近くで、九〇度ほど外へ曲がれば、花は満開の状態になります。このとき、花びら全体ではなく、屈曲した部分の花びらの内側が伸びます。花びらの外側は、ほとんど伸びていません。逆に、花びらの屈曲した部分の外側が伸びて、内側が伸びないと、花びらはまっすぐに戻り、閉花した状態になります。

「花は開閉している」といわれますが、タンポポの場合、それを支配しているのは、花びらのごく一部分の内側と外側の成長の違いなのです。その部分では、開くときには内側が伸び、閉じるときには外側が伸びているのですが、この成長の違いは、顕微鏡で観察しなければ、見ることはできません。

セイヨウタンポポが繁殖する能力とは？

セイヨウタンポポの球状の綿毛は、約二〇〇本あります。そこから一本の綿毛を摘み取ると、下に一粒のタネ（正確には、果実）がついています。ですから、一個の花（頭花、あるいは、頭状花）が咲くと、約二〇〇個のタネができます。

そのタネを鉢植えにして、三ヵ月ほど栽培すると、花が咲き、タネができます。一個の花が咲くと、その株には、続いて四個くらいの花が咲きます。ということは、約三ヵ月間で、一株に五個くらいの花が咲き、約一〇〇〇個のタネができるのです。これらのタネにはすべて、発芽して芽生えとなって成長し、花を咲かせる能力があります。

タネが発芽して三ヵ月間成長したら、最初の一粒のタネが約一〇〇〇個に増え、もし全部のタネが発芽して育ち、花が咲けば、それぞれが約三ヵ月でまた約一〇〇〇個のタネをつくるのです。結局、最初の一粒のタネが、約六ヵ月間で約一〇〇万個のタネになります。

「一粒のタネが、約六ヵ月間で約一〇〇万個になる」とわかっても、感激も実感もないかもしれません。しかし、この増え方は、一〇〇円が約六ヵ月間で約一億円になるという、ものすごい増え方なのです。

一株に六個以上の花が咲くと、もっと多くのタネができます。これらのタネは、風に飛ばされて、いろいろな場所に落下します。セイヨウタンポポのタネは、落下した場所で、季節を問わずに発芽します。ですから、道端や空き地、家の庭や花壇、国道の中央分離帯、畑の畦《あぜ》や野原など、土がある場所ならどこにでも、一年中、セイヨウタンポポは芽生えます。

「なぜ、セイヨウタンポポは、どんどん株の数を増やすのか」との〝ふしぎ〟がもたれます。また、「近年、都会で見られるタンポポは、ほとんどがセイヨウタンポポになっている」という現象が不思議がられます。

これらの〝ふしぎ〟や現象の裏には、タンポポのタネを生産する能力と、「いつでもどこでも発芽する」というタネの芽生える力が隠されているのです。

セイヨウタンポポがどんどん繁殖していくのには、タネをつくる方法にも、驚くような〝ひみつ〟が隠されているのです。それを次に紹介します。

花粉がつかなくても、タネができる?

野原や路傍で、春の太陽の明るさに映えて咲くタンポポの花は、いかにも春にふさわしい黄金色です。ですから、この植物の花は春を象徴する代名詞のように使われ、タンポポは俳句や連歌で春の季語です。しかし、注意深く観察すると、セイヨウタンポポの花が咲くのは春とは限りません。ほぼ一年中、花は咲いています。

夏や秋にも、春に比べれば個数は減りますが、花は咲いています。冬には、気温が低いために開花するのはまれですが、ツボミはあります。ツボミには、今にも開きそうに見える黄金色の花びらがあります。セイヨウタンポポでは、季節を問わずにツボミができ、タネがつくられるのです。

ふつうは、花のメシベに花粉がつき、受粉のあとに受精が成立して、タネができます。ところが、セイヨウタンポポでは、「花が咲くと、ハチやチョウが花粉をつけなくても、タネができる」といわれます。

「ほんとうに花粉がつかなくても、タネができるのか」との〝ふしぎ〟が感じられます。もしこれがほんとうなら、タンポポでは、受粉や受精をしなくても、タネができるということになります。

実は、セイヨウタンポポは、この方法でタネをつくることができるのです。これが、セイヨウタンポポがどんな場所にでも、どんどんと繁殖することの〝ひみつ〟なのです。もし、数日以内に花が開きそうに大きく成長しているセイヨウタンポポのツボミを見つけたら、試してほしい実験があります。

ハサミで、ツボミの上半分をばっさりと切ってしまうのです。半分ではなく、かなり下の

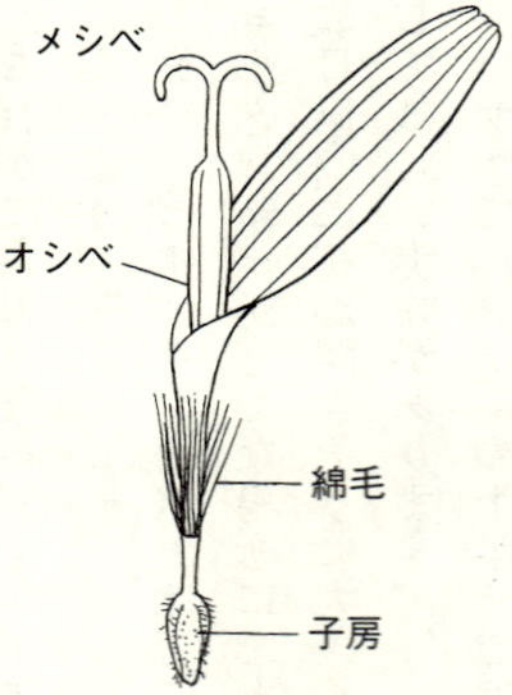

ツボミのときの綿毛とタネのできる部位

ほうで切り落としても、この実験は成功します。

この植物のツボミには、約二〇〇個の開花前の花が縦にびっしりと詰まっています。

花が開くとたくさんある花びらのように見える一枚一枚が、実は一つずつの花なのです。ですから、まだ黄金色の花びらが外に伸びだしていないツボミでも、切ってみると、中に黄金色の花びらが詰まっているのです。

それらの上半分からメシベが伸びだしますが、その部分を切り落とすのです。そのため、花粉を受け取るはずのメシベの先端がなくなってしまいます。だから、花粉がつく場所がないので、タネはできないはずです。

ところが、天候にもよりますが、約一〇日間が過ぎると、ツボミの上半分をハサミでばっさりと切り取ってしまったものにも、綿毛が開いてきます。切り取っていないツボミと同じように、球状の綿毛が展開してくるのです。

上半分を切り落としたために、ピンポン玉のような大きな球状の綿毛にはならないように思われます。しかし、球状になるときには、綿毛とタネの間が伸びてくるので、大きさもほとんど変わりません。

球状の綿毛の形成には、ツボミの上半分を切り落としたことは関係がないのです。球状の綿毛になる部分は、ツボミのときにメシベの下のほうにあります。それよりさらに下に、タネが形成される部分があります。

そして、綿毛が球状に展開する前には、綿毛になる部分とタネになる部分の間にある柄が伸びるのです。ですから、ツボミのときに、上半分を切り落としたことは、球状の綿毛の形成には影響しないのです。

しかも、驚くことに、その短い綿毛の基部には、なにごともなかったかのように、きちんと果実がついています。上半分を切り取っていない花の場合と同じように、果実ができているのです。果実の中には、タネが入っています。

メシベの先端は切り取られたのですが、「他の花の花粉がメシベの切り口について、タネができたのではないか」とも考えられます。そこで、ツボミの上半分を切り取ってすぐに、そのツボミに袋をかけます。こうすれば、他の花から花粉が飛んできて、メシベの切り口についてタネができるという可能性はなくなります。

こうしておいても、やっぱり約一〇日間が経つと、きちんと綿毛が展開し、タネができてきます。セイヨウタンポポは、メシベに花粉がつかなくても、タネをつくるという〝ふしぎ〟な能力をもっているのです。このようにしてできたタネは、発芽する能力をもっています。

虫に花粉を運んでもらわなくても、また、自分の花粉をつけることがなくても、タネができるのです。このように、メシベだけでタネがつくられる生殖方法は、「単為生殖」といわれます。

こうして、セイヨウタンポポは、一年中、ものすごい繁殖力で増え続けます。それに対し、日本に古くから生きてきたカンサイタンポポやカントウタンポポなどの在来種には、単為生殖の能力はありません。

しかも、在来種には、自分の花粉を自分のメシベにつけても、タネができないという「自家不和合性」という性質があります。そのため、在来種のタネができるには、まわりに仲間がいて、ハチやチョウが他の株から花粉を運んでくれなければなりません。

もしまわりに仲間がいないと、タネはできないのです。そのため、在来種のタンポポは、田舎の畑の畦や山のふもとの野原などに、群れになって生きています。そのような土地に、家が建ち、道ができて、群生地が荒らされると、もう一度、在来種が生息地をつくることはむずかしいのです。セイヨウタンポポなら、一粒のタネが飛んでくれば、その場所で芽生え、花を咲かせ、タネをつくります。

しかし、在来種は、一人ではタネをつくれず、もしできたとしても、球状の綿毛の中にできる個数は、セイヨウタンポポの約二〇〇個に対し、ずっと少なく、半数くらいです。しかも、在来種のタネは、秋まで発芽せず、花が咲くのも春に限られています。

このようにセイヨウタンポポと日本の在来種には、生殖の方法や、つくるタネの個数、そのタネの発芽する能力などに、大きな違いがあります。そのため、セイヨウタンポポが都会でどんどん株の数を増やし、在来種は、昔から生育している郊外に、細々と、ひっそりと暮らしているのです。

その結果、セイヨウタンポポが在来種を都会から追い出したような印象をもたれているのです。日本古来の在来種を守るために、私たちは、土地の開発に慎重にならなければなりません。

第四話

イネの“ひみつ”

ジャポニカ米とインディカ米

イネの原産地は、中国南部の雲南《うんなん》や東南アジアとされています。長い農耕の歴史の中で、原産地以外の地域でも、この植物は栽培されるようになっています。世界的には、約九割がアジアで栽培されていて、お米をつくりだしています。人口が多い中国やインドなどが、お米の主要生産国となっています。

私たちの住む日本列島には、イネは縄文時代の後期に朝鮮半島か中国から伝えられ、日本の全域で栽培されてきました。気温が低いために栽培が不可能と思われた北海道でも、明治時代には、栽培されるようになりました。

イネという言葉の語源は定かではなく、いろいろな説があります。その中の一つに、イネは、「命の根」という語を短縮したものだというものがあります。遠い昔から、イネがつくりだすお米が、私たち人間の空腹を満たし、命を守り続けてきたのです。そのため、真偽は別にして、もっともふさわしい説のように思います。

イネの学名は、「オリザ・サティバ（*Oryza sativa*）」です。イネはイネ科イネ属の植物で、属名の「オリザ」はラテン語で「イネ」を意味します。イネの種小名は「サティバ」であり、これは「栽培されている」を意味します。

お米には、インディカ米とジャポニカ米がよく知られています。インディカ米は、粒が細長く、炊いても粘り気が出ず、冷えるとパサパサになります。ジャポニカ米より粒が長いので、「ロング・ライス」といわれたり、タイが原産地と考えられて、「タイ米」といわれたりします。

ジャポニカ米は、私たち日本人がふつうに食べるお米で、粒がぽっくりと丸く短く、炊くと粘り気があります。この粘り気が、食べたときに「にちゃにちゃ」とした食感になります。アメリカ人は、この食感を「スティッキー（sticky）」という語で表現し、嫌うこともあります。「スティッキー」は、「くっつく」や「べとべとする」などの意味です。

多くの日本人は、インディカ米よりジャポニカ米を好んで食べます。でも、ジャポニカ米がインディカ米より、お米として質的にすぐれているということはありません。日本人がジャポニカ米をよく食べ、インディカ米をあまり食べないのは、単にお米の食感の好き嫌いによるものです。

この第四話では、イネの果実に、「お米」という語句を使います。多くの読者が、「この語は『米』でいいのではないか」と思われるかもしれません。しかし、私は、子どものころから、「お米」を「米」と呼び捨てのようにしたことはありません。

お米は、昔から、私たちの空腹を満たし、健康を守ってきてくれました。「お米」の「お」には、ただ丁寧に、あるいは、上品に表現するという意味だけでなく、お米に対する感謝の気持ちが込められ、敬いの気持ちがこもっています。ですから、私だけでなく、多くの人々が「お米」という語を使うことがあるはずです。

そのため、穀物の名前として「コメ」を使うことがあっても、多くの場合は「お米」を使いました。もし、この語が気になられたら、そのようにご理解ください。

なぜ、田植え前の田んぼに、レンゲソウが植えられるのか？

六、七〇年前には、田植え前の田んぼでは、卵形の小さな葉っぱをつけた茎が地面を這うようにレンゲソウが育っていました。花が咲くと、畑一面が紫色に染まり、その美しさは、春の田園風景の象徴でもありました。

「なぜ、田植え前の田んぼに、レンゲソウが育っているのか」という、素朴な〝ふしぎ〟が抱かれることがありました。この〝ふしぎ〟を解くためには、植物たちの〝ひみつ〟を知らねばなりません。

レンゲソウは、タンポポのように、勝手に生える雑草ではありません。田植えをする田んぼに、前の年の秋にタネがわざわざまかれて、栽培される植物なのです。育ったレンゲソウ

レンゲソウ畑

の葉っぱや茎は、田植えの前に土が耕されると き、そのまま田んぼの中にすき込まれてしまいます。

この植物は、わざわざタネをまいて栽培され、きれいな花が咲いている時期、あるいは、そのあとにタネがつくられる時期に、土の中にすき込まれてしまうのです。それを知れば、「なぜ、せっかく育ってきたのに、土にすき込まれるのか」や、「レンゲソウは、何のために栽培されているのか」などの疑問が浮上します。

実は、レンゲソウには、すばらしい〝ひみつ〟の性質があるのです。元気に育つレンゲソウの根を土からそおっと引き抜くと、根に小さな粒々がたくさんついています。この粒々は、根にできる粒という意味で、「根粒」といわれます。その粒の中には、「根粒菌」という菌が住んでいます。この根粒菌が、すばらしい〝ひみつ〟の能力をもっているのです。

植物が栽培されるときに必要とされる三大肥料は、窒素、リン酸、カリウムです。その中でも、窒素肥料は特に重要です。なぜなら、窒素は、葉っぱや茎、根などを形成するために必要であり、植物が生きていくために必要なタンパク質の成分だからです。

また、窒素は、光合成のための光を吸収する緑の色素であるクロロフィルや、親の形や性質などを子どもに伝えていくための遺伝子にも含まれる成分だからです。

ですから、窒素は、それらの物質をつくるのに必要なものであり、植物が成長するには、必要不可欠な物質なのです。そのため、私たちは植物を栽培するときには、窒素肥料を与えなければならないのです。

レンゲソウをはじめとするマメ科植物の根に暮らす根粒菌は、空気中の窒素を窒素肥料に変える能力をもっているのです。レンゲソウは、根粒菌がつくった窒素肥料を利用します。そのため、土に窒素肥料が与えられなくても、レンゲソウのからだには、窒素が多く含まれます。空気中の窒素を窒素肥料に変える能力をもつ根粒菌を根に住まわせていることが、レンゲソウの〝ひみつ〟なのです。

これが田植えの前に土の中にすき込まれると、緑の葉っぱや茎に含まれていた窒素肥料の成分が土壌に溶け込み、土壌を肥やし、緑肥となります。そのため、レンゲソウは、緑肥作物とよばれるのです。

このように、レンゲソウは、緑肥作物として、田植えをする田んぼにタネがまかれて、栽培されていたのです。ところが、近年、レンゲソウ畑が減ってきました。化学肥料が普及してきたことが一因ですが、大きな理由は、田植えの機械化が進み、小さなイネの苗を機械で植えるようになり、田植えの時期が早くなったことです。

田植えが機械化される以前の田植えでは、レンゲソウの花の時期が終わるころに、大きく育ったイネの苗を手で植えていました。ところが、機械では、大きく育った苗は植えにくいので、小さな苗が植えられるのです。

田植えの時期が早まると、レンゲソウが育つ期間が短くなります。すると、レンゲソウのからだが大きくなる前にすき込まねばならないので、栽培してもあまり役に立たなくなったのです。

しかし近年、レンゲソウは、土壌を肥やすだけではなく、プラスアルファの役に立つ性質をもつことがわかりつつあります。レンゲソウの葉っぱや茎が土にすき込まれて分解されると、酪酸《らくさん》やプロピオン酸などという物質が生じます。これらは、雑草の発芽や成長を抑える効果をもつのです。

ですから、レンゲソウを緑肥とした畑や田んぼでは、化学肥料を使わずに土壌が肥沃になり、雑草が育ちにくくなります。レンゲソウが春の畑に復活する日がくるかもしれません。

なぜ、イネは水田で育てられるのか？

春の田植えで植えられたあと、イネは水田で育てられます。畑で栽培される作物は、水の中で育てられることはありません。「なぜ、イネは、水の中で育てられるのか」という〝ふしぎ〟が興味深く抱かれます。イネには、水の中で育てられると、主に、四つの〝ひみつ〟の恩恵があります。

一つ目は、水には、土に比べて温まりにくく、いったん温まると冷めにくいという性質があることです。ですから、水田で育てば、イネは夜も温かさが保たれた中にいられます。暑い地域が原産地と考えられるイネにとって、これは望ましい環境です。

二つ目は、水中で育つイネは、水の不足に悩む必要がないことです。ふつうの土壌に育つ植物たちは、常に水不足に悩んでいます。そのため、私たちは、栽培植物には「水やり」をします。栽培植物に水を与えないでいると、すぐに枯れてしまいます。

しかし、自然の中で、栽培されずに生きている雑草は、「水やり」をされなくても育っています。ですから、「ふつうの土壌に育つ植物たちは、ほんとうに、水の不足に悩んでいるのか」との疑問が生じます。これは、容易に確かめることができます。

雑草が育っている野原などで、日当たりのよい場所を区切り、毎日、一つの区画だけに水やりをします。すると、その区画に育つ雑草は、水をもらえない区画の雑草と比べて、成長が確実によくなります。自然の中の雑草は、成長するために、水を欲しがっていることがわかります。

三つ目は、水の中には、多くの養分が豊富に含まれていることです。水田には、水が流れ込んできます。その途上で、水には養分が溶け込んでいます。そのため、水田で育つイネは、流れ込んでくる水の十分な養分を吸収することができるのです。

このように、水の中は、イネにとって、たいへん恵まれた環境なのです。水の中で育てば、イネには主に三つもの〝ひみつ〟の恩恵があります。これで十分かもしれませんが、これだけではありません。水田で栽培するという方法には、四つ目のものすごい〝ひみつ〟の恩恵が隠されているのです。

「連作」という語があります。これは、同じ場所に、同じ種類の作物を二年以上連続して栽培することです。多くの植物は、連作されることを嫌がります。連作すると、生育は悪く、病気にかかることが多くなるからです。

連作した場合、うまく収穫できるまでに植物が成長したとしても、収穫量は前年に比べて少なくなります。これらは、「連作障害」といわれる現象です。連作障害の原因として、主に三つが考えられます。

一つ目は、病原菌や害虫によるものです。毎年、同じ場所で同じ作物を栽培していると、その種類の植物に感染する病原菌や害虫がそのあたりに集まってきます。そのため、連作される植物が、病気になりやすくなったり、害虫の被害を受けたりします。

二つ目は、植物の排泄物《はいせつぶつ》によるものです。植物たちは、からだの中で不要になった物質を、根から排泄物として土壌に放出していることがあります。連作すると、それらが土壌に蓄積してきます。すると、植物の成長に害を与えはじめます。

三つ目は、土壌から同じ養分が吸収されるために、特定の養分が少なくなることによるものです。「三大肥料」といわれる窒素、リン酸、カリウムの他に、カルシウム、マグネシウム、鉄、硫黄などが植物の成長には必要です。

これらは、肥料として与えられる場合が多いのです。しかし、これ以外に、モリブデン、マンガン、ホウ素、亜鉛、銅などが、ごく微量ですが、植物の成長に必要です。必要な量はそれぞれの植物によって異なりますが、連作すると、ある特定の養分が不足することが考えられます。

これら三つの連作障害の原因は、水田で栽培されることで除去されます。水が流れ込んで出ていくことで、病原菌や排泄物が流し出されたり、養分が補給されたりするからです。水田で育てば、こんなにすごい恩恵があるのですから、他の植物たちも「水の中で育ちたい」と思うと考えられます。

でも、水の中で育つためには、そのための特別のしくみをもたなければなりません。「どのような、しくみなのか」との疑問が生まれます。そのしくみをもつ代表は、レンコンです。レンコンは、泥水の中で育っていますが、呼吸をするために穴をもっています。あの穴に、地上部の葉っぱから空気が送られているのです。

実は、イネもレンコンとまったく同じしくみをもっています。イネの根には、顕微鏡で見なければなりませんが、レンコンと同じように小さな穴が開いており、隙間があるのです。正確には、イネは根の中に隙間をつくる能力をもっているのです。

というのは、イネは、水田では、その能力を発揮して、根の中に隙間をつくります。しかし、同じイネを水田でなく畑で育てると、その根には、水田で育つイネの根にできるような大きな隙間はつくられません。必要がないからです。イネは、置かれた環境に合わせて、生き方を変える能力をもっているのです。

しかし、水がいっぱい満ちている水田で育っていると、困ったこともあります。イネは、水を探し求める必要がないので、水を吸うための根を強く張りめぐらせません。そのため、水田で栽培されているイネの根の成長は、貧弱になります。

根には、水が不足すると水を求めて根を張りめぐらせるという、〝ハングリー精神〟というような性質があります。ですから、田植えのあと、水をいっぱい与えられて、ハングリー精神を刺激されずに育ったイネの根は貧弱なのです。

もしそのままだと、秋に実る、垂れ下がるほどの重い穂を支えることができません。イネは、倒れてしまうでしょう。イネは倒れると、実りも悪く、収穫もしにくくなります。そのようになると、栽培する人たちは困ります。

そこで、イネの根を強くたくましくするために、イネに試練が課せられます。夏の水田をご覧ください。田んぼに張られていた水は、抜かれています。水田の水が抜かれるだけでなく、田んぼの土壌は乾燥させられています。

ひどい場合には、乾燥した土壌の表面にひび割れがおこっています。イネは水田で育つことがよく知られているので、この様子を見ると、「イネに水もやらずに、ほったらかしにしている」と勘違いをされることもあります。「ひどいことをする」と腹を立てる人がいるかもしれません。

でも、それはとんでもない誤解です。水田の水を抜き、田んぼの土壌を乾燥させるのは、水が不足すると水を求めて根を張りめぐらせるという、イネのハングリー精神を刺激しているのです。そうしてこそ、イネは、秋に垂れ下がる重いお米を支えられるほどに根を張り、強いからだになることができます。

土壌の表面のひび割れも、無駄にはなっていません。ひび割れて土に隙間ができることで、この隙間から、地中の根に酸素が与えられます。それは、根が活発に伸びるのに役に立つのです。こうして、イネは、秋の実りを迎えるのです。

イネの栽培におけるこの過程は、「中干し」とよばれます。この過程を経てこそ、秋に垂れ下がるほどの重いお米を支えるからだができあがるのです。ですから、中干しは、イネの栽培の大切な一つの過程なのです。

なぜ、イネの成長はそろっているのか?

私たち日本人には、「田園風景」という言葉から思い浮かぶ景色があります。そこには、山や畑があり、一面の水田が広がっているものが多いでしょう。この風景の中にある水田には、イネがみごとに同じような背丈に成長しています。イネは、そろって成長するように栽培されているのです。

このように栽培されるためには、いろいろな工夫がなされています。「どのような工夫がなされているのだろうか」とか、「成長をそろえることは、何の役に立つのだろうか」との〝ふしぎ〟が浮かんできます。

近年のイネの栽培では、田植えをせずに田んぼにイネのタネを直接まく「直播き《じかま》」という方法が多く試みられています。しかし、日本の伝統的な稲作では、苗代《なわしろ》で育てた苗を水田に植える「田植え」という方法が行われてきました。

イネの苗の成長をそろえるための最初の工夫は、田植えで植える苗を育てるためのタネを選別することです。その方法は、少し塩を含んだ水にタネを浸すのです。栄養の詰まっていないタネは浮かびます。

発芽したあとの苗がよく育つタネは、栄養を十分に含んでいるので、重いのです。そのため、少し塩を含んだ水に浸すと沈みます。そこで、沈んだタネだけが、苗代で苗を育てるために用いられます。

イネの苗の成長をそろえるための二つ目の工夫は、苗代で育てることです。発芽した芽生えは苗代で育ちますが、ここで芽生えの成長に差が生じることがあります。極端に成長が遅れるような苗は、田植えには使われません。ですから、田植えでは、同じように元気に成長した苗が植えられることになります。

「なぜ、わざわざ田植えをして植えるのか」との疑問がもたれます。これは、確実に決められた本数の苗が田んぼでそろって成長するためです。田植えでは、苗代で育った苗の中から、同じように成長した元気な苗を、たとえば、一箇所に三本ずつをセットにして植えられます。

そうすれば、確実に三本の苗を育てることができます。

もし苗を植える代わりにタネをまけば、すべてが発芽し、それらの苗が、同じように成長するとは限りません。発芽しないタネがあったり、極端に成長が遅れる苗などが混じっていたりします。田植えをすることによって、そうなることを避けているのです。

でも、もう一つ大切な理由があります。同じように成長した苗を選んで植えることができれば、田植えが終わったあとの水田では、苗の成長がきちんとそろいます。このように成長すれば、すべての株がいっせいに花が咲き、それらはいっせいに受粉し、いっせいにイネが実ります。そうすると、いっせいに株を刈り取ることができます。

稲刈りは、一面の田んぼでいっせいに行われます。もし未熟なものと成熟したものが混じっていると、未熟なものは食べられませんから、いっせいに刈り取ることはできません。稲刈りで、いっせいに成熟した穂を刈り取るためには、イネは成長をそろえることが大切なのです。そのために、田植えが行われているのです。

田植えでは、もう一つ、気をつけられていることがあります。同じような間隔を置いた場所に、苗が植えられることです。これは、苗が成長したときに、過密にならないようにするためです。「過密にすると、何が困るのか」との疑問があるかもしれません。

植物の栽培では、ある一定の面積では、収穫できる量に限度があります。多くの収穫量を得ようとして、一定の面積に多くの株を植えても、収穫量は増えないということです。多くの株が密に植えられると、それぞれの株が、養分や光の奪い合いの競争をしなければなりません。

その結果、競争に負けた株は、成長が遅れたり、成長することができずに枯れたりしてしまいます。また、健全に育つはずの株が、無理な競争で、ヒョロヒョロと背丈が高くなりすぎたりしてしまいます。ですから、田植えでは、田んぼの面積に応じて適切な株数が植えられているのです。

ダイコンやシュンギクなどのタネをまくとき、多すぎると思うほどのタネをまくことを知っている人もいます。そのようなタネのまき方をすることはありますが、その場合には、出てきた芽生えの中から、何日かごとに、成長のよくないものを抜き取っていきます。これは、「間引き」とよばれる作業です。

間引きすることで、適切な株の数に調節しているのです。間引きされた芽生えは、食べられます。ですから、多くのタネをまくのは、間引きして食べながら、元気な苗を選んで育てるという栽培法なのです。

イネの花って、どんな花？

イネの花は、タネをつくるために咲きます。イネのタネは、お米です。田んぼにお米が実っているのを見かけることはあります。ところが、イネの花を見かけることはあまりありません。

ですから、イネの花を思い浮かべることができる人は少ないのです。そこで、「イネの花って、どんな花なのか」という〝ふしぎ〟が浮かびます。イネは、花の存在を〝ひみつ〟にしているわけではないでしょうが、なぜか、イネの花はよく知られていません。

花を咲かせる植物には、いろいろな種類があります。植物は、その特徴から、よく似たもの同士として「科」という仲間のグループに分けられます。多くの植物が属するグループには、よく知られているものとして、バラ科、キク科、マメ科などがあります。

バラ科の植物には、ウメやモモ、サクラやリンゴなどがあります。キク科の植物には、タンポポ、ヒマワリ、コスモスなどがあります。マメ科の植物には、ダイズやエンドウ、ラッカセイやインゲンマメなどがあります。これらの多くは、美しくきれいな、観賞できるような花を咲かせます。

これらの花には、花びら（花弁）があります。これらの花とイネの花の大きな違いは、イネの花には花びらがないことです。美しくきれいな花びらの役割は、花粉を運んでもらうために、ハチやチョウなどの虫を誘い込むことです。

イネの花に花びらがないということは、ハチやチョウに花粉の移動を託さないということです。では、「イネは、花粉の移動をどうするのか」との疑問が浮かびます。イネは、ハチやチョウなどの虫ではなく、風に花粉を運んでもらう植物なのです。そのため、ハチやチョウに目立つ必要がないので、花びらをもっていないのです。

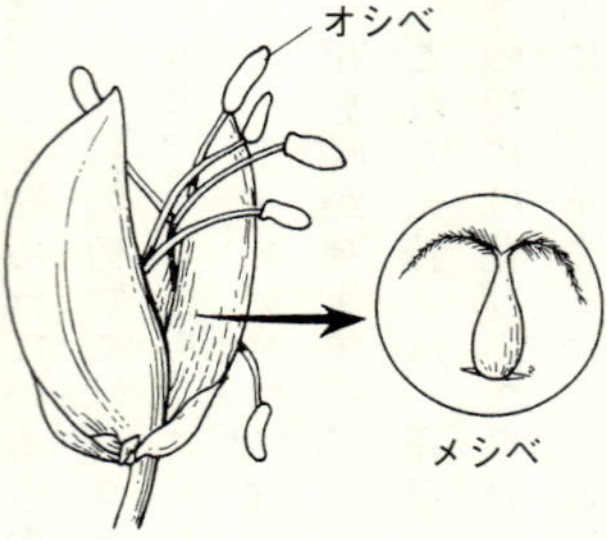

イネの花

イネでは、五ミリメートルぐらいの小さな花が穂のように密に並んで咲きます。一つの花には、六本のオシベと一本のメシベがあります。開花している時間は短く、多くの品種で、午前中の二時間くらいです。「そのような性質なら、花粉がつきにくいので、お米ができにくいのではないか」との思いが浮かびます。

オシベにできる花粉の移動を風に託しているだけでは、イネは不安なのでしょう。そこで、イネは、風に託すだけではなく、開花するときに自分の花粉が自分のメシベについてタネ（お米）ができるという性質をもち合わせています。

本来、植物は、「自分の花粉を自分のメシベにつけてタネをつくる」ということを望んでいません。そのようにして子どもをつくると、自分と同じような性質の子どもばかりが生まれます。もしそうなら、いろいろな環境の中で生きていけません。しかし、栽培されるイネは、「自分の花粉を自分のメシベにつけてタネをつくる」という性質をもっています。

なぜなら、私たち人間がイネを栽培する過程で、その性質を身につけた品種を育ててきたからです。花が咲けば、ほぼ確実にお米が実るからです。その結果、イネは、栽培をする私たちに都合のよい作物になっています。

稲刈りのあとの緑の植物は？

秋の稲刈りでは、イネは穂とともに地上部を刈り取られます。刈り取られて残されたイネの切り株は、そのまま生涯を終えるような印象があります。しかし、稲刈りのすんだ田んぼに残されたイネの株は、多くの場合、生涯をそのまま終えるものではありません。

秋晴れの暖かい日が続けば、穂が刈り取られたイネの株から、芽が出て、葉っぱが伸びだしてきます。切り株から、再び若い芽が出てくるのです。これらの芽生えがきれいにそろって成長している姿は、もう一度、イネが栽培されているような印象を与えます。

「いったい、これらは何だろうか」との〝ふしぎ〟が感じられます。刈り取られたイネが見せる〝ひみつ〟の姿かもしれません。これらの芽生えは、「ひこばえ」とよばれます。「ひこ」とは「孫」のことであり、「ひこばえ」は、孫が生えてきたという意味です。

稲刈りで刈り取られた穂が、株から出た「子ども」とみなすと、そのあとに出てきた芽生えは、「孫」ということです。秋ですから、ひこばえには、葉っぱや茎だけでなく、新しい穂ができていることもあります。

稲刈りで、刈り取られたあとに残る切り株が、芽を出してくるのです。これらの芽は、稲刈りがされるときにすでにつくられている場合もあります。もし芽がつくられていなかったとしても、イネには、「分《ぶん》けつ」、あるいは、「分げつ」とよばれる能力があります。分けつは、茎の根元から新しい芽が出て、新しい茎が生まれることです。

この能力は、田植えのあと、春から秋の成長の過程でも見られます。田植えのときに、三本の苗が植えられたとしても、秋には、株の状態になり、二〇本くらいの穂が出ています。これは、分けつの結果、穂が生まれたのです。

稲刈りのすんだ田んぼに、ひこばえがきれいに生えそろうと、イネが二期作でもう一度栽培されているかのように勘違いされる場合があります。二期作とは、一年に同じ場所で二回、同じ作物を収穫することです。

ひこばえは、新しい芽から出てくるものが多いですが、すでに花が咲き実る準備をしていた穂が伸びだしてくるものもあります。この場合、小さな未熟な実がついています。それらを食べるために、小鳥がやってくることがあります。近年では、山に増えたシカが、やわらかい新芽や葉っぱ、穂を求めてやってくるといわれます。

イネは、私たち人間に、食糧としてのお米を収穫させてくれます。やがて、冬が来れば、イネの株は確実に枯れます。稲刈りから枯れるまでのわずかの間に、イネは、自然の中をともに生きる小鳥やシカなどの動物に食べものを賄っているようです。

ひこばえとは、そのための姿なのかもしれません。イネは、〝生きる力〟を、自然の中でともに生きる生き物に役に立つように使っていることになります。

おいしいお米を求めて

古くから、お米は、私たちの空腹を満たしてきました。しかし、現在は、空腹を満たすだけでなく、おいしさが求められるようになっています。実際に、「おいしい」といわれるお米に人気があり、多くのおいしいお米の品種がつくられています。

「おいしいお米とは、どのような性質をもっているのか」との〝ふしぎ〟が浮かびます。おいしいので人気となったお米の代表は、コシヒカリです。「なぜ、コシヒカリはおいしいのか」との疑問に対する〝ひみつ〟が明らかにされています。

たとえば、日本穀物検定協会の食味テストは、六項目で評価されます。「香り」、白さやつやや、形などの「外観」、甘みやうまみの「味」、ありすぎてもなさすぎても減点になる「粘り」、適度な「硬さ」、全体的な印象の「総合評価」という六項目です。

お米の味は、このような多くの項目で決まってくるものです。しかし、この食味テストで、特においしい「特A」という最高の評価が得られるお米に共通なのは、「アミロース」という成分の割合が低いということです。

お米には多くのデンプンが含まれますが、デンプンにはアミロースとアミロペクチンという二つのタイプがあります。このアミロースの含まれる量が、お米の味に大きく影響するのです。

日本人の多くが「おいしい」と表現するもち米は、アミロースをいっさい含んでいません。それに対して、二五年ほど前のお米が不作だった年に、細長いインディカ米を緊急に輸入して、不足分を補う対策がとられました。しかし、そのときに輸入されたお米は、パサパサしていて、人気がありませんでした。このお米は、アミロースを約三〇%も含んでいたからです。

「コシヒカリはおいしい」と人気になりはじめたころのコシヒカリ以外のお米は、アミロースを二〇〜二二%含んでいました。コシヒカリは、アミロースを約一七%しか含んでいませんでした。このアミロース量のわずかの違いが、私たちが「おいしさ」を感じる大切な〝ひみつ〟になっているのです。

ですから、おいしいお米をつくるには、アミロースの少ない品種を育てることです。「アミロースの含まれる量が少ないお米をつくったら、ほんとうにおいしいのか」と疑問に思われるかもしれません。でも、実際にアミロースの含まれる量を少なくしたお米がつくられ、「おいしい」と評価されてきています。

ひと昔前の北海道のお米は、「あまりおいしくない」といわれていました。日本中のお米の生産量を増やすために、北海道のような寒い地域でも栽培できるような品種が育成されてきたのです。そのため、味は二の次だったのです。

ふつう、お米が散らばって落ちていれば、鳥はそれらのお米をついばみながら歩くものです。ところが、当時の北海道のお米は、ばらまかれていても「鳥はそれらをついばまずに、またいで通る」と揶揄《やゆ》されて、「鳥またぎ米」といわれていたのです。

しかし、近年は、北海道のお米は、品種改良されて、「おいしいお米」と人気があります。毎年、日本穀物検定協会が、お米の「食味ランキング」を発表します。北海道産の「ゆめぴりか」や「ななつぼし」は、五段階の最高評価である「特A」を獲得しています。

北海道だけでなく、各地で品種改良が進められています。二〇一八年の二月に、日本穀物検定協会が、その前の年に収穫されたお米の食味調査の結果を発表しました。四三銘柄が「特A」という評価を受けました。

その中には、青森県の「青天の霹靂《へきれき》」、山形県の「つや姫」、栃木県の「とちぎの星」、福井県の「ハナエチゼン」、滋賀県の「みずかがみ」、高知県の「にこまる」、佐賀県の「夢しずく」、熊本県の「森のくまさん」など、近年開発された、興味深い名前のものが入っていました。

新しい時代を生きるお米の品種が、各都道府県で、次々に開発されているのです。この理由は、消費者においしいお米が求められているからです。同時に、将来の温暖化に耐える品種が育成されているのです。

お米は、日本だけでなく、世界人口の約半数の人の主食になっています。今後、懸念される温暖化に打《う》ち克《か》つ品種が育成されなければならないのです。

品種数の減少が深刻!

国際連合（国連）は、毎年「国際年」と称して、世界的な規模で取り組むべき課題を決め、それを解決するために、啓発活動を行っています。たとえば、植物に関するものでは、二〇一〇年は「国際生物多様性年」、二〇一一年は「国際森林年」として、植物の存在の大切さを広く知らしめました。

また、二〇〇四年は「国際コメ年」、二〇一三年は「国際キヌア（キノア）年」、二〇一六年は「国際マメ年」と定められました。食糧としてのコメ、キヌア、マメの啓蒙と増産を目指してのものでした。

キヌアというのは、日本ではあまりなじみがありませんが、近年、知られるようになってきています。これは、南米アンデス山脈に生育するヒユ科の植物で、トウモロコシほどの背丈に育ち、先端部の穂に、直径数ミリメートルの多くの実を結実します。古代インカ帝国では、「母なる穀物」とよばれ、人々の健康を支えてきたものです。

国連は、人口の増加を支える食糧としての植物の大切さを世界の人々に訴えてきているのです。近年、世界の人口は毎年一億人弱ほど増加しています。しかし、増加する人口に見合うほど、穀物の生産量は増えません。穀物の生産に適した栽培地の面積が限られていることが大きな原因です。そのため、食糧不足はますます深刻な問題になってきます。

そのような事情を背景に、国連の食糧農業機関（FAO）は、二〇〇四年を「国際コメ年」と定め、お米の増産を世界的に奨励し、お米の食糧としての重要性を啓発しました。その効果がどれほどあったかは定かでありません。しかし、この年、国連の広報活動のおかげで、地球上でどのくらいの人が、お米を主食としているかが、多くの人々に認知されました。

アジアを中心に、世界人口の約半数の人々が、お米を主食としているのです。二〇一七年では、地球の総人口は国連の統計で約七六億人ですから、その約半分の約三八億人がお米を主食としていることになります。

世界的に多くの人々を養っているお米ですが、日本のお米には、深刻な悩みがあります。その一つは、現在栽培されているイネの品種の数が少ないことです。「なぜ、品種の数が少ないのか」という〝ふしぎ〟が、すぐに浮かびます。

これは、おいしい品種が求められ、その象徴であるコシヒカリがあまりにも人気が高すぎることが原因です。人気の高さは、この品種が栽培される面積の大きさでわかります。

二〇一六年のコシヒカリの作付け面積は、全国で栽培されるすべてのイネの約三六パーセントを占めました。二番目に多い品種が、「ひとめぼれ」で、作付け面積は一〇パーセント以下です。コシヒカリが、突出しての第一位なのです。

コシヒカリの作付け面積が約三六パーセントもあることはすごいことなのです。でも、もっとすごいのは、コシヒカリの作付け面積第一位の座が、数十年間も変わることなく維持されていることです。

イネは常に品種改良されていますから、ふつうには、何年かが経過すれば、他の新しい品種が出てきて、順位が入れ替わるものなのです。ところが、コシヒカリの場合は、その人気が継続しているのです。

コシヒカリに次いで多く栽培されているのは、年によって変化しますが、ひとめぼれ、ヒノヒカリ、あきたこまち、ななつぼしなどです。これらは、コシヒカリが生まれて以後に、新しく開発された品種です。でも、これらがコシヒカリを追い越すことはできていません。

それだけでなく、これらの品種は、もう一つの深刻な問題を抱えているのです。それは、これらがコシヒカリの子孫に当たる品種であるということです。そのため、コシヒカリと性質がよく似ているのです。

おいしさを求めて、コシヒカリの性質が引き継がれた品種ばかりが栽培されているのです。そのために、日本で栽培されるイネの品種の数が少なくなっているのです。ここで、「なぜ、品種の数が少ないことが問題なのか」という疑問がおこります。

イネだけではありませんが、作物では、多くの品種が栽培されることが望まれます。同じ性質の品種ばかりが栽培されていると、もし何かの天候異変がおこり、その異変に弱い性質をもつ品種の不作がおこると、その性質をもつ品種はすべて、不作になります。

また、ある病気が流行《はや》り、その病気に弱い性質をもつ品種が病気にかかると、その性質をもつ品種はすべて、病気にかかります。同じ性質をもつ品種ばかりを栽培することは、そのようなリスクをはらんでいるのです。

日本中で、よく似た性質のお米ばかりが栽培されることは、天候異変や病気の流行の可能性を考えると、よくないのです。異なった性質の品種が数多く栽培されていれば、そのようなときに救われます。そのため、それぞれの地域の風土にあった品種が栽培され、各地域で栽培される品種が異なっていることが望まれるのです。

栽培される品種が減ってきていることに加えて、お米には、もう一つの深刻な悩みがあります。お米は、日本では、古くから、多くの人にほぼ毎日食べられてきています。ですから、お米のことはよく知られているように思われがちです。ところがそうではないのです。次の項で紹介します。

イネの悩みとは、知られていないこと!

お米は、長い間、私たちの食生活の中心にあり、主食として空腹を満たし、健康を守り支えてきました。しかし、知られていないことが多くあります。ここでは、顕著な例を二つだけ紹介します。

一つの例は、お餅をつくるのに使うお米である「もち米」についてです。このもち米という言葉はよく知られているのですが、漢字がほとんど知られていません。多くの場合、「餅米」という字が書かれます。しかし、これは誤りです。

お餅に使われる「餅」という字は、「うすくて平たい」を意味する文字です。ですから、ついて伸ばしてお餅になったときに使われるものです。お餅になる前のもち米に、「餅」を使うのは正しくありません。

とすると、「もち米」は、どのような字なのかと不思議がられます。正解は、「糯米」です。この「糯」という字は、「しっとりとした粘り気のある」という意味を含み、もち米の性質をそのまま表しているのです。

もち米に対し、私たちがふつうの食事のときに食べるお米の名前は、何でしょうか。この名前は、もち米ほど多くの人に知られているとはいえませんが、比較的、よく知られています。そのお米は、「うるち」、あるいは、「うるち米」といわれます。

ところが、この「うるち」という漢字を書ける人は少ないのです。もち米の漢字と同じように知られていません。うるちは、「粳」と書かれます。この字は、「硬くてしっかりしている」という意味を含み、うるち米の性質を表しています。

こうして、糯米と粳米という漢字を紹介されても、しばらくの月日が経過して、どちらか一方だけの漢字が示され、「何と読みますか」と問われると、また困ります。どちらが「もちごめ」か「うるちまい」かが忘れられてしまい、悩みになります。それほど、お米については、毎日食べられているのに、知られていないのです。

お米についてよく知られていない二つ目の例は、「無洗米」についてです。近年、このお米は、市販されており、利用が広がっています。炊く前に水で洗う必要がないので、ひと手間省ける便利なお米です。しかし、多くの人々には、誤解されています。

その特徴から、「一人暮らしの人が、少しのお米を洗わなくても食べられるお米」とか、「冬の寒い日、冷たい水に手をつけなくてもよいお米」とか、「洗い方を知らない人でも、炊けるお米」などの印象がもたれています。多くの人に、「無洗米は、不精な人が手抜きのために使うお米」と考えられているようです。

それ以上に、「無洗米はおいしくない」という印象があります。無洗米は洗う必要がないために、「すでに水洗いされたお米が乾かされたものだろう」と想像されるのです。「水を使って洗ったあとに乾かされたお米が、おいしいはずがない」という観念がその理由になっています。

ところが、そうではありません。無洗米を試食した多くの人は、「おいしい」という感想をもちます。その通りで、無洗米の大きな特徴は、おいしいことなのです。なぜなら、無洗米は、水を使って洗ったあとで乾かしたお米ではないからです。

「水を使わずに、どのようにして洗うのか」との〝ふしぎ〟が浮かびます。これは、炊く前にお米を洗う理由を誤解していることから浮かぶ〝ふしぎ〟でもあります。

お米を洗うのは、お米が汚れているからではありません。お米の表面をうっすらと覆っているぬかをとるためです。「お米を洗う」という表現が使われますが、ぬかや汚れを洗い落とすのではなく、ぬかを取り除くために、「お米を研ぐ」というのが正しい表現といわれます。

玄米は精米機に入れられて、ぬかや胚芽《はいが》が取り除かれ、精白米になります。ところが、精白米の表面にはまだうっすらと、「肌ぬか」とよばれるぬかが残っています。肌ぬかはおいしくないので、食べる前に洗い落とさなければなりません。そのために、炊く前にお米をやさしくかきまぜながら、水洗いするのです。

無洗米は、水を使わずに、肌ぬかの性質をたくみに利用して、この肌ぬかを取り除いたものです。たとえば、お米を金属製の筒に入れ、お米が壁面にぶつかるように筒内を高速で攪《かく》拌《はん》します。

すると、お米の肌ぬかが壁面につきます。その肌ぬかに次々とお米が当たり、お米の表面の肌ぬかが壁面の肌ぬかについて剝《は》がされます。これは、肌ぬかの粘着性が高く、肌ぬか同士がくっつくという性質をたくみに利用しています。

この方法でできる無洗米は、水洗いよりもきれいに肌ぬかがとれるので、おいしいのです。また、精白米の表面には、おいしさのもととなる「うまみ層」があります。水で洗うと、このうまみ層が壊れたりもします。粘着力で肌ぬかをとると、うまみ層が傷つかずにそのまま残ります。だから、おいしくなるのです。

無洗米は、おいしいだけでなく、「環境にやさしい」といわれるお米です。なぜなら、無洗米には、水洗いの必要がないからです。お米を洗うとき、正確には、お米を研ぐときに、多くの水が使われます。

そのときに出る研ぎ汁は、池や沼、湖に流れ込み、富栄養化の原因となります。なぜなら、研ぎ汁には多くのリンが含まれるからです。リンは、窒素、カリウムとともに、池や沼、湖の富栄養化をもたらすものです。ですから、リンを含む水を流すことのない無洗米は、環境にやさしいのです。

第五話

アジサイの“ひみつ”

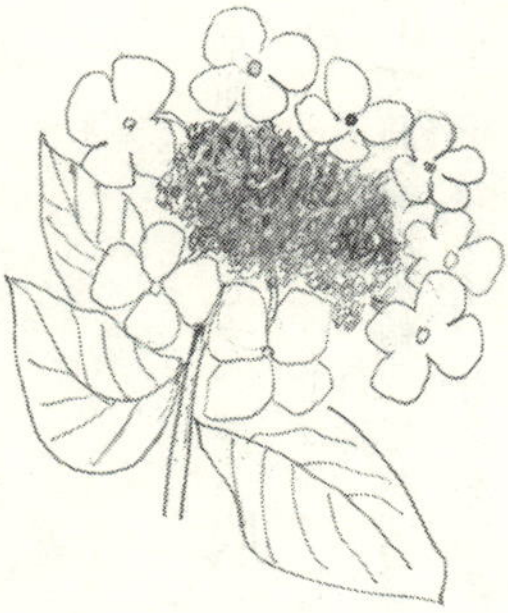

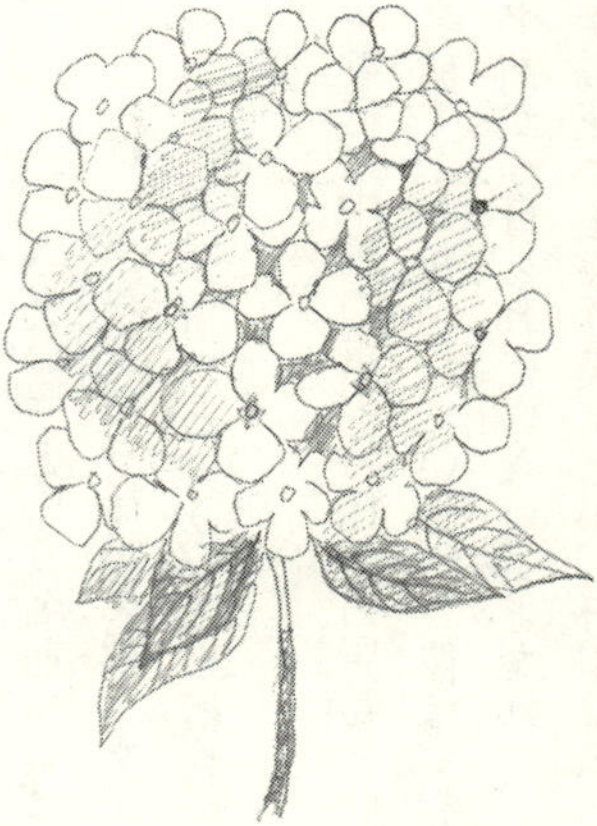

日本原産の花

アジサイは、日本を原産地とする「ガクアジサイ」が原種の植物です。長い間、ユキノシタ科の植物でしたが、近年は、アジサイ科とされています。これが、ヨーロッパにもち出されて、その地で品種改良され、「セイヨウアジサイ」として日本に逆輸入されてきました。近年は、アメリカ原産の園芸品種「アナベル」や「カシワバアジサイ」などが出まわり、人気となっています。

日本では、昔から、アジサイの花は青色で、「あづさあい」という名前でよばれていました。「あづ」は「集まる」を意味し、「さあい」は「真っ青」の様子を示します。つまり、「集真藍《あづさあい》」という名前は、「真っ青の色の花が集まっている」という、この植物の花の様子から名づけられたものです。

漢字名では、「紫陽花」と書かれます。これは、中国の唐《とう》の時代の白居易《はくきょい》という詩人が名づけたものです。白居易は、白楽天《はくらくてん》という名前でよく知られています。彼は、お寺に植えられて紫色の花を咲かせていた植物に、まだ名前がつけられていないことを知り、それに「紫陽花」と名づけた詩を詠みました。その「紫陽花」という漢字名が、日本に伝わってきて、アジサイに当てられています。

しかし、この「紫陽花」には、〝ひみつ〟があります。実は、「白楽天が詩に詠んだ紫色の花を咲かせる植物は、アジサイではなかった」といわれます。そのためか、アジサイは、中国では、漢字名は「紫陽花」だけでなく、「八仙花」「粉団花」などとも書かれます。

シーボルト『日本植物誌』に描かれたシチダンカ（京都大学図書館蔵）

では、「白楽天が詠んだ紫陽花は、ほんとうは何という植物だったのか」との疑問が浮かびます。これに対する答えは、定かではありませんが、「モクセイ科のライラックであった」といわれています。

江戸時代の一八二三年から一八二九年にかけての七年間、ドイツ人の医師シーボルトは、長崎（現在の長崎県）の出島《でじま》に滞在していました。彼は、その間に訪れた土地で、植物の調査を行い、それをもとに、帰国後、『日本植物誌』を著しました。その中に、アジサイの一種として「シチダンカ」という品種がスケッチされていました。

しかし、この品種は、その後約一三〇年間、見つけられることがありませんでした。ようやく一九五九年に、兵庫県の六甲山《ろっこう》系で自生しているのが発見されました。そのため、アジサイは、六甲山を市街地の背景にもつ神戸市の「市民の花」に定められています。

「アジサイの花をこよなく愛した人」としてよく知られている有名な作家と大スターの命日が、「あじさい忌」とよばれています。

作家は、昭和初期に出版された小説『放浪記』の著者である林《はやし》芙美子《ふみこ》です。『放浪記』といえば、大女優の森光子《もりみつこ》が思い浮かぶほど、彼女が舞台で長年演じて有名な作品ですが、原作者、林芙美子の命日は、六月二八日で、「あじさい忌」とよばれます。

もう一人は、俳優や歌手として多くのファンを引きつけた昭和の大スター、石原裕次郎《いしはらゆうじろう》です。この人の命日は、七月一七日です。林芙美子と同じように、その日は「あじさい忌」といわれています。

なぜ、アジサイの花が咲かないのか？

アジサイについて、〝ふしぎ〟とも〝悩み〟ともとれる疑問が投げかけられることがあります。それは、「自分の家の庭で栽培しているアジサイに、花が咲かない。なぜなのだろうか」というものです。その場合、アジサイが、どのような場所で栽培され、どのように育っているのかが不明なので、正確には、原因はわかりません。

でも、「お正月が近くなったころに、アジサイの枝ぶりを整えるために、刈り込んでいませんか」と聞いてみます。なぜなら、庭に育っているアジサイには、大きな房状になって咲いていた花が枯れたあと、褐色になって残っていることがよくあるからです。新年をきれいな庭で迎えるために、枯れた花のかたまりを含めて、株が刈り込まれることがよくあります。

すると、多くの場合、予想通りに、「はい、刈り込んでいます」という答えが返ってきます。もし刈り込んでいたら、花は咲かないはずなのです。「なぜ、咲かないのか」という〝ふしぎ〟が残るかもしれません。この〝ふしぎ〟は、二つの疑問に分けて考えれば、容易に解けます。

一つ目は、「いつ、アジサイのツボミがつくられるか」という疑問です。アジサイのツボミは、花の咲く前の年の夏から秋にかけてつくられます。ほぼ一年も前に、ツボミがつくられているというのが、アジサイの花のあまり知られていない〝ひみつ〟なのです。

そのため、お正月を迎えようとする暮れには、翌年に咲くツボミはすでにつくられているのです。ですから、年の暮れに株を刈り込むと、翌年咲くはずのツボミを刈り取ってしまうことになります。

二つ目は、「株のどの位置に、ツボミはつくられるか」という疑問です。これは、「どのように、アジサイの花が咲いているか」を思い出せば想像できます。花は、葉っぱがある位置よりひときわ高く伸びた茎の先端に咲きます。ということは、ツボミは、丸く育っている株の先端の部分に形成されているのです。

ですから、枝ぶりを整えるために、年の暮れに、株の先端の部分を刈り取ると、そこにはすでにツボミがつくられているのです。だから、翌年咲くはずのツボミを切り落としてしまうことになります。

その結果、花の季節になると、「自分の家の庭のアジサイには、花が咲かない」という悩みが生まれてくるのです。この場合、正確には、「花が咲かないのではなく、ツボミを刈り取ってしまっている」ということになります。

翌年にも花を咲かせるためには、花の咲いた部分から二～四枚より下の葉っぱの位置で枝を切ります。このとき、花の咲かなかった枝を残します。花のすぐ下の葉っぱのつけ根より下で切り取るのは、そこから出る芽には、花がつきにくいので切ってもかまわないからです。「なぜ、花は、葉っぱがある位置よりひときわ高く伸びた茎の先端に咲くのか」との疑問があるかもわかりません。そもそも、多くの植物では、花は葉っぱより上に咲くものであり、葉っぱの下に隠れるように咲く花はめずらしいのです。これは、花粉を運んでくれるハチやチョウなどの虫に、目立たなければならないからです。

では、「いつごろ、刈り取ればいいのか」との疑問が残ります。株を刈り取るのは、花が咲き終わったあと、すぐがいいのです。「花が咲けばもう用事はない」とばかりに、花の時期が終わったあとにすぐ刈り取るのは、いかにも冷たい感じがするかもしれません。

ですから、アジサイがかわいそうな気がします。しかし、次の年に多くの花を咲かせるためには、それがいいのです。なぜなら、次の年の花のツボミは、花の咲く前の年の夏から秋にかけてつくられるので、その前に古い花を刈り取ったほうがよいからです。

ただ、刈り取る時期をこの通りにする必要がない品種があります。たとえば、アナベルという品種です。この品種では、ツボミは春につくられます。そのため、秋遅くても、春早くても、ツボミはまだつくられていません。ですから、この品種では、このような時期に刈り取られても、多くの花が咲きます。

花びらが、花びらではないのか？

「アジサイの花の花びらのように見える部分は、ほんとうの花びらではない」といわれます。奇妙な言い方に感じますが、これは正しいのです。これが正しいといわれると、二つの〝ふしぎ〟が浮上します。

一つ目は、「花びらでなければ、何なのか」という〝ふしぎ〟です。アジサイの花の花びらに見える部分は、植物学的には、花びらではありません。それは、ふつうの花の「がく（萼）」という部分です。がくとは、本来、花を包むように花びらの外側にあるものです。

しかし、アジサイの場合は、これが大きくなって色づいているのです。アジサイの花は、がくを花びらに見せて、花を目立つように飾っていることになります。このような花は、「装飾花」とよばれます。

装飾花にも、花びらはあります。装飾花をよく観察すると、がくが変化し四枚の花びらのように見える中央に、小さな花があります。その小さな花を包み込んでいるものが花びらです。この花では、メシベが退化しており、タネをつくる能力はありません。

装飾花がタネをつくることができないのなら、「アジサイは、タネをつくらないのか」と

ガクアジサイ

の疑問がおこります。しかし、アジサイにも、タネをつくることができる花はあります。これは、装飾花に対し、「真の花」あるいは、「真花」とよばれます。

そこで、二つ目の、「ほんとうの花は、どこにあるのか」という〝ふしぎ〟が生まれます。タネをつくることができる真の花は、装飾花の陰に隠れるように咲いていています。装飾花を支える柄のつけ根の部分から、真の花は咲いていています。ですから、装飾花をかき分けるようにすれば、この花が姿を現します。

気象庁から、梅雨のころに、アジサイの開花宣言が出されます。その宣言は、装飾花の開花とは関係がなく、真の花が二〜三輪咲いたあとに出されます。ふつうには、この開花宣言は、装飾花の開花より遅れます。そのため、開花宣言が出されたときには、すでに装飾花は満開のことが多いのです。

アジサイでは、タネをつくることができない大きながくがある装飾花ばかりが多く目立ち、タネをつくるほんとうの花が陰に隠れています。それなら、「ハチやチョウなどの虫に目立たないのではないか」という疑問が浮かびます。

すなわち、虫に目立たなければ、花粉が運ばれないので、「タネができにくいのではないか」との心配です。たしかに、その通りです。しかし、これは、植物に罪はありません。植物たちは、迷惑がっているかもしれません。

なぜなら、私たち人間が、多くのきれいな装飾花をつくるアジサイを、園芸品種として、選び抜いて育成してきたのです。品種改良のもとになったとされるガクアジサイでは、真の花が、目立つように咲いています。そして、装飾花は、数が少なく小さなものですが、ハチやチョウに目立つように咲いています。

なぜ、花の色は、「日本では青色、外国で赤色」といわれるのか？

「アジサイの花の色は、日本では青色、ヨーロッパでは赤色である」といわれます。アジサイの花の色を出すのは、「アントシアニン」という物質です。これは、「色を出すもと（素）

となる物質」という意味で、「色素」とよばれます。

アントシアニンは、赤色になったり青色になったりする色素なのです。「何が原因で、アントシアニンは、赤色になったり青色になったりするのか」との〝ふしぎ〟が抱かれます。

この〝ふしぎ〟には、アントシアニンの色が、花に含まれる物質によって変わるというアントシアニンの〝ひみつ〟の性質が隠されています。

土壌には、アルミニウムという物質が含まれています。これを多く吸収したアジサイでは、アントシアニンが青色になります。それに対し、アルミニウムの量が少ないと、アントシアニンは赤色になるのです。

「なぜ、花に含まれるアルミニウムの量が変わるのか」との疑問がおこります。その理由は、アルミニウムが、酸性の土壌には溶けますが、アルカリ性の土壌には溶けないことが原因です。

「土壌が酸性であるとか、アルカリ性であるとかというのは、どういう意味か」という疑問が浮かぶかもしれません。液体に酸性やアルカリ性があることはよく知られています。硫酸や塩酸は酸性の液で、アンモニウム液などがアルカリ性です。

どの液が酸性か、アルカリ性かは、リトマス試験紙というもので確認できます。この試験紙を液につけると、「酸性なら赤色に、アルカリ性なら青色になる」といわれますが、実際には、赤色の度合いの違いで酸性の程度を示します。近年は、リトマス試験紙でなくても、ごくわずかの液で判定できる測定器が市販されています。

土壌にも、酸性やアルカリ性があるのです。「土壌が酸性であるか、アルカリ性であるか」は、土壌を水に入れて攪拌したあと、その液にリトマス試験紙をつけるか、その液を測定器のセンサーにつければ、判別できます。

日本の多くの地域の土壌は、酸性です。日本の土壌に酸性が多い理由は、降水量が多いからです。日本の降水量は、年間約一七〇〇ミリメートルであり、世界平均は八八〇ミリメートルですから、世界平均の約二倍です。雨には二酸化炭素が溶け込んでおり、雨は弱い酸性です。そのため、雨が多いと土壌は酸性になります。

また、雨が多いと、土壌に含まれているアルカリ性をもたらすカルシウム、マグネシウム、カリウム、ナトリウムなどの多くが流されてしまいます。そのため、日本の土壌は酸性になっています。

土壌が酸性だと、土壌に含まれるアルミニウムが溶けだします。それが、栽培されているアジサイの根に吸収されます。すると、花の色が青色になるのです。だから、「日本では、青色」といわれるのです。

「ヨーロッパでは、赤色」といわれるのは、ヨーロッパの土壌はアルカリ性が多いからです。

ヨーロッパのアルカリ性の土壌には、アルミニウムが溶けだしません。そのために、アジサイの根はアルミニウムを吸収できずに、花の色は青くはならず、赤色を呈します。

なぜ、花の色が変化するのか？

鉢植えで買ったアジサイを庭や花壇に植えて栽培すると、翌年には違う色の花が咲いてびっくりすることがあります。鉢やプランターではなく、庭や花壇に植えて栽培するのは、「露地植え」といわれます。アジサイを露地植えにすると、翌年には、花の色が変わるという〝ふしぎ〟な現象がおこるのです。

たとえば、赤色の花を咲かせているアジサイの鉢植えを買ってきます。花の季節が終わったあと、そのアジサイの株を植木鉢から出して庭に植えて育てます。すると、「翌年には、青い色の花が咲いた」という経験をした人が、少なからずいます。

「なぜ、赤い花を咲かせた株が青い花を咲かせることになったのか」との〝ふしぎ〟が生まれます。「何色の花が咲くかは、株によって決まっており、そのようなことがおこるはずがない」とその現象を否定する人もいます。しかし、経験した人がいるのですから、赤い花を咲かせた株が青い花を咲かせるという現象には、〝ひみつ〟があるはずです。

それは、市販されている鉢植えの植物には、きれいな色を出すための工夫が凝らされていることです。たとえば、真っ赤なアジサイが市販されているときには、真っ赤な花を咲かせるために、鉢に入れられた土壌はアルカリ性にしてあるはずです。そのため、それを買ってきて、翌年、畑や花壇に植える露地植えにすると、日本の土壌は酸性ですから、そのような赤い花が咲くはずはありません。

逆に、真っ青の花を咲かせるアジサイの鉢植えが市販されています。きれいな青色を出すために、アルミニウムを十分に含むような酸性の土壌が使われているはずです。これを買ってきて、翌年のために露地植えにします。

すると、日本の土壌が酸性であるとはいえ、鉢植えのように真っ青の花を咲かせるほどの強い酸性であるとは限りません。そのため、酸性であったとしても、翌年にはそんなにきれいな青色の花は咲きません。また、露地植えされた土地がアルカリ性なら、赤みを帯びた花を咲かせる可能性もあります。

アジサイには、このように植える場所を変えると、花の色が変化するという〝ふしぎ〟があります。さらに、これとは別に、一つの花が咲いてから、しおれるまでに花色が変化するという〝ふしぎ〟があります。この変化の〝ひみつ〟は、花の中の状態が変化することにあります。

アジサイの花の色素であるアントシアニンには、花の状態によって、色が変わる性質があります。たとえば、青色であった色素は、花が酸性になるにつれて、赤みを帯びます。そのため、咲きはじめのときとしおれるときの花の状態が変わると、花の色が変化します。アサガオのように、一日花《いちにちばな》といわれる開花してから二四時間以内にしおれてしまうような花では、一日以内に色が変化します。

開いたばかりのときには真っ青であったアサガオの花が、夕方にしおれるときには、赤紫色になっていることはよく見られます。これは、しおれるにつれて、花の中が酸性になるためです。アジサイの花の寿命は長いので、この変化がゆっくりとおこるのです。

毎年、赤色や青色の花を咲かせていたアジサイが、ある年に突然、緑色の花を咲かせはじめることがあります。近年、こうして咲いたアジサイの緑色の花がよく話題になります。実際にこの花を見ると、がくの部分が葉っぱのようなきれいな緑色をしています。

「緑色の花は、めずらしい」と感激する人もいますが、多くの場合、これは「葉化病」という病気に感染しているのです。ファイトプラズマという病原菌が、ヨコバイという虫を介して感染しているのです。

現在、この病気を治す薬は知られていません。かといって、そのまま放置しておくと、数年後には、アジサイが枯れてしまいます。そのため、まわりのアジサイへの感染を避けるには、病気にかかった株は、かわいそうですが、焼却するしか方法がないようです。

ただ、病気でなくても、緑色をした花を咲かせるアジサイの品種があります。アナベルという品種がよく知られています。ツボミのときはうすい緑色で、花が咲くときれいな白色になり、その後再び、緑色を帯びてきます。

ですから、緑色の花が咲いているからといって、病気と決めつけたり、焼却したりするのには、少し慎重にならなければなりません。

なぜ、アジサイの葉っぱを食べてはいけないのか？

アジサイは、梅雨という季節感を漂わせるには、象徴的な植物です。そのため、家庭では、その季節には、この葉っぱをお皿に置き、その上に水羊羹《みずようかん》がのせられて来客に出されることがあります。また、料理店や居酒屋などでは、季節感を演出するために、アジサイの葉っぱを添えて、料理が出されることがあります。

私たちは、刺身に、シソの葉っぱである大葉が添えられていることを見慣れています。そして、私たちは、この大葉は食べてもいいことを知っています。そのため、だし巻き卵などの下に、アジサイの葉っぱが敷かれていても、あまり抵抗を感じません。

上にのせられているだし巻き卵などの料理がなくなれば、つい、きれいな緑色の葉っぱを食べてしまう人もいるでしょう。ところが、シソの葉っぱは食べてもいいのですが、アジサイの葉っぱは食べてはいけないのです。

実際に、一〇年ほど前に、関西地方では大阪市、関東地方ではつくば市にある飲食店で事件がおこりました。

新鮮な緑色のアジサイの葉っぱが料理に添えて出されました。お客さんは、刺身に添えられる大葉と同じように、「食べてもよいもの」と思い、つい食べてしまいました。その結果、食べたものを吐いたり、めまいがおこったりという食中毒事件が発生したのです。

「なぜ、新鮮な緑の葉っぱを食べて食中毒になるのか」とか「葉っぱに、何かの虫や、虫の卵がついていたのか」などと、〝ふしぎ〟に思われます。しかし、食中毒がおこったのは、葉っぱが新鮮でなかったためや、虫や虫の卵がついていたからではありません。

アジサイの葉っぱ自体が、有毒な物質をもっているのです。ですから、アジサイの葉っぱは食べてはいけないのです。

これらの食中毒事件は、新聞やテレビでも報じられました。この報道で、アジサイが有毒な物質をもつことや、その葉っぱを食べることの危険性が、世の中に広く知らしめられました。そのおかげで、「アジサイの葉っぱは絶対に食べてはいけない」ということを知っている人は増えています。

梅雨の雨に洗われて、雨上がりに大きな緑色のアジサイの葉っぱは輝きを増します。虫たちには、この葉っぱはおいしそうでご馳走《ちそう》に見えるでしょう。ところが、アジサイの若い葉っぱにも大きな葉っぱにも、虫にかじられたあとがほとんど見られません。

「なぜ、葉っぱが虫に食べられないのか」という〝ふしぎ〟が浮かぶかもわかりませんが、この〝ふしぎ〟を支える〝ひみつ〟は、アジサイに有毒な物質が含まれていることです。この物質は、人間だけでなく虫にとっても有毒なのです。ですから、多くの虫は、アジサイの葉っぱをかじりません。

それでは、「なぜ、植物が有毒な物質をもっているのか」との疑問をもつ人もいるでしょう。答えは、動物に食べられるのを防ぐためです。植物たちは、地球上のすべての動物の食糧を賄っています。「植物を食べずに、肉を食べている動物もいる」と思う人があるかもしれません。しかし、その食べられる動物の肉は、「何を食べてつくられたのか」ともとをさかのぼれば、間違いなく植物たちのからだに行きつきます。

もし植物たちが、逃げまわることができ、動物に食べられることを完全に拒否できるとしたら、すべての動物は生きていけません。しかし、植物たちは、そのようなことを望んでいないでしょう。植物たちは、「少しぐらいなら、動物にからだを食べられてもいい」と思っているはずです。

なぜなら、「動物に生きていてほしい」からです。動物は、花粉を運んでくれたり、果実を食べれば、そのときにはタネをまき散らしたりしてくれます。もしタネを果実といっしょに食べてしまえば、糞《ふん》としてどこかにまいてくれます。そのおかげで、植物たちは動きまわることなく新しい生育地を得ることができます。

だから、植物たちは、「少しぐらいなら、動物にからだを食べられてもいい」と思っているはずです。でも、植物たちがそのように思っていても、からだ全部を食べ尽くされてはたまりません。そこで、植物たちは、それぞれにからだを守っているのです。アジサイも食べられないように、葉っぱに有毒な物質をもっているのです。

「アジサイとカタツムリ」は、昔から、梅雨を象徴する取り合わせとして描かれてきました。だから、「カタツムリはアジサイの葉っぱを食べても、有毒な物質を解毒する力をもっているのだろう」と想像する人もいます。しかし、そうではありません。カタツムリもアジサイの葉っぱを食べていません。

それを知ると、「アジサイとカタツムリのつながりはなんだろう」とか、「なぜ、カタツムリはアジサイの葉っぱの上にいるのか」という疑問が浮かびます。このような疑問に対しては、私たちは、アジサイとカタツムリの利害関係を考えがちです。

でも、よく観察していると、カタツムリはアジサイの葉っぱの上をゆっくり動いています。アジサイの葉っぱは、大きく安定しているので、大きなカタツムリが乗っていても傾いて垂れ下がることはありません。

だから、カタツムリは、葉っぱから落ちません。また、雨上がりのときには、葉っぱには水滴がたまっていることがよくあります。カタツムリは、歩きながら、たまった水滴を吸ったり、からだを休めたりしています。

アジサイとカタツムリは、直接の利害関係はなくても、梅雨という季節を楽しんで生きる仲間であり、仲のよいパートナーなのかもしれません。

甘茶との関係は？

「アジサイと甘茶に、どのような関係があるか」と問われると、多くの人は即座には答えられないでしょう。「いったいどんな関係があるのか」と、〝ふしぎ〟に思われるのがふつうです。

その理由は、「甘茶」が近年あまり知られていないことです。約六〇年以上も前、私の子どものころ、四月八日には、各地方や各地域のお寺で「花まつり」の行事が盛んに行われていました。多くの子どもたちが、その行事に参加していました。仏教行事の名前としては、「灌仏会《かんぶつえ》」といわれます。

近年は、「花まつり」もあまり知られていませんが、お釈迦様《しゃかさま》の誕生を記念し、お釈迦様の像に小さい柄杓《ひしゃく》で「甘茶」をかけて、お祈りする行事です。「甘茶」は、名前の通り甘いお茶です。

小林一茶《こばやしいっさ》の句の中に、この行事の様子を詠んだと思われるものがあります。「雀子が　ざくざく浴る　甘茶かな」というものです。お釈迦様の像にかけるための甘茶の中で、人のいない隙に、水浴びしているスズメの姿を詠んだものでしょう。

昔は、「花まつり」のおかげで、子どものころから多くの人が「甘茶」という言葉と、その味を知っていました。しかし近年では、甘茶が甘いお茶であることを知っている人でも、「甘茶はどうしてつくるのか」と問われると、「ふつうのお茶に、砂糖を入れてつくる」という答えが返ってきます。甘茶の色は、特に変わったものではなく、紅茶やほうじ茶の色と同じだからです。

ところが、「甘茶」は、お茶に砂糖を入れて甘くしたものではありません。「アマチャ」という植物があり、甘茶はその植物の葉っぱからつくられるのです。つくり方は、いくつかあるようですが、葉っぱをよく乾燥させて発酵させ、よくもんで、再び乾燥させたものを煮立てた液が甘茶です。

アマチャの甘みの主な成分は、「フィロズルチン」という物質です。これは、「砂糖の数百倍の甘さ」とか「砂糖の約一〇〇〇倍の甘さ」とかいわれます。これに加えて、「ヒドラン

アマチャ

ゲノール」という甘みの成分も含まれています。

アマチャヅルという、アマチャと名前のよく似た植物があります。しかし、この二つの植物には、何の関係もありません。アマチャヅルは、ウリ科の植物であり、アマチャはアジサイ科の植物です。

では、「アマチャとは、どのような植物なのか」との疑問が浮かびます。この植物は、知らずに出会うと、「これは、アジサイではないか」と思うほど、花の色、大きさ、葉っぱの姿などそっくりです。

私は大人になって、ある植物園で、はじめてアマチャに出会いました。そのとき、そばに立てられた植物名を示す名札に「アマチャ」と書かれていました。でも、そのときは、私は「アマチャ」という植物を知らなかったので、「名札が『アジサイ』と間違っているのではないか」と思いました。

時期は五月末で、アジサイが花を咲かせていても不思議でない季節でした。アマチャと名札のついた植物も、花を咲かせていました。その株の姿は、アジサイより全体の印象が少し小さかったのですが、そっくり同じでした。

咲いている花も、アジサイとそっくりでした。あとで調べてわかったのですが、「アマチャ」の学名は、「ハイドランジア・マクロフィラ（*Hydrangea macrophylla*）」で、アジサイの学名と同じです。アマチャは、植物学的には、アジサイの「変種」とされ、アジサイの一つの品種のような位置づけの植物なのです。

結局、「アジサイと甘茶に、どのような関係があるか」という〝ふしぎ〟に対する答えは、「甘茶はアマチャという植物からつくられるお茶であり、アマチャはアジサイの仲間である」ということです。ですから、「甘茶は、アジサイの仲間からつくられるお茶」ということになります。

では、「植物園でしか、アマチャと出会えないのか」という疑問があります。でも、アマチャがアジサイとそっくりの姿をした少し小ぶりの植物であることを知ってしまうと、見分けがつくようになり、そんなにめずらしいものではないとわかります。庭や花壇などに栽培されているのを見かけることもあります。

京都市の東山《ひがしやま》区にある、臨済宗《りんざいしゅう》の建仁寺《けんにんじ》の塔頭《たっちゅう》である霊源院《れいげんいん》には、「甘露庭」とよばれる庭園があります。ここには、多くのアマチャが栽培され、梅雨のころに、花が咲きます。その時期には夜間の拝観もでき、ライトアップもされています。

第六話

ヒマワリの“ひみつ”

太陽の花

ヒマワリはキク科の植物で、北アメリカが原産地です。英語名は、花の形が輝く太陽の姿に似ていることにちなんで、「サンフラワー」で「太陽の花」を意味します。

ヒマワリの学名は、「ヘリアントゥス・アヌウス（*Helianthus annuus*）」です。学名の前半の「ヘリアントゥス（Helianthus）」は、ヒマワリ属であることを示します。

これは、ギリシャ語の「太陽」を意味する「ヘリオス（helios）」と、「花」を意味する「アントス（anthos）」から成り立っています。ですから、「太陽」と「花」が語源となっており、やはり「太陽の花」を意味します。

学名の後半の種小名の「アヌウス」は、「一年草」という意味です。ヒマワリは、春に発芽し、夏に花を咲かせ、秋にタネをつくって枯れます。このように、その生涯を一年以内に終える植物は一年草とよばれ、ヒマワリは典型的な一年草の植物なのです。

この植物は、「一六六六年以前に、日本に来た」といわれます。「なぜ、一六六六年という具体的な年代がいわれるのか」と〝ふしぎ〟に思われます。この年代の根拠は、一六六六年に著された、図の入った百科事典のような『訓蒙図彙《きんもうずい》』（中村惕斎《なかむらてきさい》編）に、ヒマワリがはじめて出てくることです。

　ヒマワリは、多くの自治体で、「市の花」に定められています。千葉県船橋《ふなばし》市、愛知県豊《とよ》田《た》市、福岡県北九州《きたきゅうしゅう》市などです。また、全国のあちこちに、ヒマワリ園があります。これらの園では、数十万本が植栽されているのはざらであり、規模を競うように、一〇〇万本、一二〇万本、一五〇万本と植えられています。

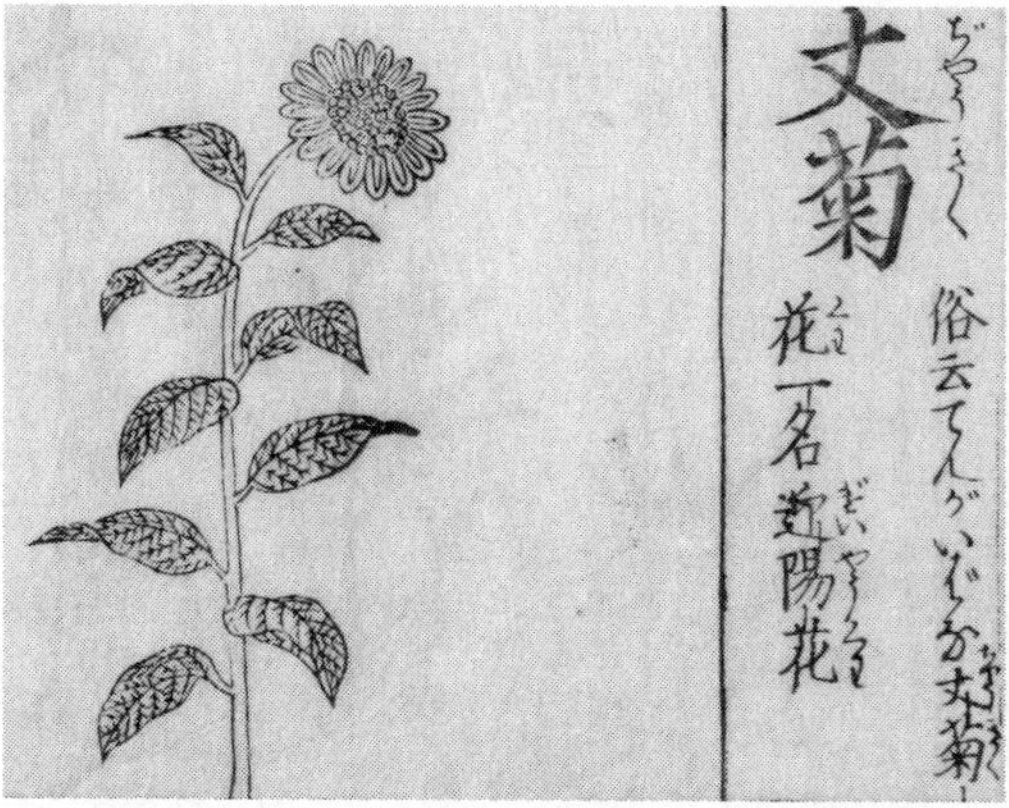

『訓蒙図彙』（中村惕斎編、1666年）に描かれたヒマワリ。「丈菊」「てんがいばな（天蓋花）」「迎陽花」とも呼ばれた（国立国会図書館蔵）

　京都市の南西に、「向日《むこう》市」があります。この市の「市の花」には、ヒマワリが選ばれています。真偽は定かでありませんが、ヒマワリの漢字名「向日葵」にちなんでいると思われます。向日市を本拠地とする、「ジラソーレ京都」という名前のサッカークラブもあります。「ジラソーレ」は、イタリア語でヒマワリを意味します。

　また、宮崎県には「日向《ひゅうが》市」があります。

この市の「市の花」も、ヒマワリです。「向日市」と「日向市」の違いはありますが、やはり「向日葵」という漢字名に由来すると連想されます。

この二つの市には、あまり気づかれませんが、共通の〝ひみつ〟があります。それは、この市のマンホールのふたには、ヒマワリがデザイン化されて描かれていることです。

ヒマワリの花は、カメラ目線で咲く！

古くから、「ヒマワリの花は、いつも太陽のほうを向いており、太陽の姿を追って、花がまわる」といわれます。「ほんとうに、ヒマワリの花は太陽の姿を追ってまわるのか」という〝ふしぎ〟が生まれます。

しかし、残念ながら、この説には何の根拠もなく、「ヒマワリの花は、太陽の姿を追ってまわる」というのは俗説です。ヒマワリの花は、見た目に大きいだけでなく、実際に手にもってみるとわかるように、ずっしりと重いものです。そのように大きく重い花が、毎日、太陽の動きを追って、東から西にクルクルとまわることはありません。

ヒマワリが何万本、何十万本と栽培されているヒマワリ畑やヒマワリ園では、背丈が高い植物なので「迷路」がつくられます。そのため、子どもたちや家族連れに人気があります。それらの場所の一画に咲く何百個、何千個の花が、一枚の写真に撮られていることがありま

カメラ目線のヒマワリ畑

す。

そのような写真を見ると、ほとんどすべての花が、カメラのほうを向く〝カメラ目線〟で咲いています。よそ見をしている花や、反対方向を向いてうしろ姿を見せている花はほとんど見当たりません。ヒマワリの花はほとんどすべてが同じ方向を向いて咲いているのです。

「同じ方向とは、どちらか」という〝ふしぎ〟が浮上します。実は、その方向は、「東」なのです。ですから、カメラ目線で咲いているように撮られている花の写真は、東から西を向いて撮られたことになります。もし、カメラを西から東に向けて撮れば、ほとんどすべての花がうしろ向きに撮れるはずです。

「ヒマワリの花は、東を向いて咲く」と決まっているのです。ただ、そのためには、一つだけ条件があります。それは、ヒマワリの花が一日中の太陽の動きをよく見ることのできる場所で栽培されていることです。

では、「ヒマワリの花が一日中の太陽の動きをよく見ることのできない場所で栽培されている場合は、どうなるのか」との疑問が浮かびます。建物や樹木の陰になっているような場所では、「ヒマワリの花は、東を向いて咲く」とは決まっていません。

もしそのことを知っていると、「ヒマワリの花は、東を向いて咲くというけれども、南を向いて咲いていているのを見た。なぜ南向きに咲くのか」という質問に答えられます。この質問をした人が観察した場所では、東側が建物などの陰になっているため、一日中の太陽の動きを見ることができず、南側が明るいと考えられます。

たとえば、東西には建物があるが、花壇の南側に幅の広い道があるために、建物の陰にならずに太陽の光が明るく差し込んでいるような場合です。ヒマワリの花々は、南という方角を決めて咲いているのではなく、明るいほうを向いて咲いているのです。たまたま、このヒマワリが育っている環境から、「南を向いている」ということになります。

ヒマワリに限らず、多くの植物たちの花は、明るいほうを向いて咲きます。多くの家の庭や花壇では、道路から見ると、家が建っているほうが陰になり、道の側より暗いですから、花は道の側を向いて咲くことが多くなります。

もし花が暗いほうを向いて咲くとしたら、庭や花壇で咲く花々は、道からはうしろ姿だけを見ることになります。あまりそのようなことがないのは、花には明るいほうを向いて咲く性質があるからです。

では、「なぜ、花は明るいほうを向いて咲くのか」との疑問が出ます。一つの理由は、明るいほうを向いて咲くと、太陽の光が花の中に多く差し込むことです。そのおかげで、花の中がジメジメせずに乾燥します。ジメジメしていると、カビが生えたり、病原菌が繁殖しやすかったりします。

花の中では、子ども（タネ）づくりが行われます。カビや病原菌がいて、不衛生になっていては困ります。花が明るいほうを向いて咲くのは、「子どもを衛生的な場所でつくりたい」との思いが込められた性質なのです。

二つ目の理由は、明るいほうを向いて花が咲くと、光が差し込み、花の中央部分の温度が高くなることです。花の中の温度をはかると、多くの種類の植物で、花の周辺部より、オシベやメシベのある中央部の温度が高くなっています。虫がその温かさを求めて花の中に寄ってきてくれます。だから、花粉を運んでもらえる機会が増えます。

三つ目の理由は、花の中の温度が高いと、花の香りがよく発散することです。香りは液体の物質が気体になって発散するものであり、その反応は、温度が高くなるとよく進みます。

だから、いい香りが出てやっぱり虫が寄ってくる機会が増えます。

ヒマワリは、こうして子どもづくりをするための工夫を凝らしているのです。

太陽の姿を見失ったヒマワリは、どうするのか？

古くから、「ヒマワリの花は、いつも太陽のほうを向いており、太陽の姿を追って、花がまわる」といわれてきました。これには何の根拠もなく、単なる俗説というのなら、「なぜ、そのような誤った説が広まったのか」という大きな〝ふしぎ〟が残ります。

この〝ふしぎ〟には、きっと何かの〝ひみつ〟がありそうです。その〝ひみつ〟は、若いツボミの運動を観察することで明らかになります。

ヒマワリの花が太陽の動きに合わせて向く方向を変えることはありませんが、若い葉っぱの表面は、太陽の姿を追ってまわります。その様子は、タネが発芽したばかりのふた葉の芽生えで見るとわかりやすいので、ぜひ、観察してください。芽生えが葉っぱの表面を太陽の光のくる方向にまともに向けるのは、多くの光を受け取ることができるからです。

朝、太陽が東から昇れば、芽生えは、ふた葉の表面を東へ傾け、太陽の光を葉っぱの表面に垂直に受けようとします。太陽がだんだん真上にあがると、それを追って、水平になってふた葉の表面は真上から光を受けようとします。夕方に向かって西に太陽が傾いていくと、それを追うように、ふた葉の表面は西へ傾き、やっぱり太陽の光をいっぱいに受けようとします。

太陽の光のくる方向に葉っぱの表面を向けると、多くの光が受けられるからです。こうして、ヒマワリの芽生えのふた葉の表面は、太陽の姿を追って、一日中、東から西にまわることが観察されます。

ヒマワリの葉っぱが太陽の姿を追ってまわると、一つの〝ふしぎ〟が生まれます。夕方に太陽が西に傾いたとき、それを追ってヒマワリのふた葉は西へ傾きます。ところが、太陽はそのまま西の方向に沈み、姿を消してしまいます。西へ傾いたまま、太陽の姿を見失ったふた葉は、さて、「そのあと、どうするのか」という〝ふしぎ〟です。

隠れてしまった太陽の姿を追って、ますます下へ傾いていくのでしょうか。あるいは、見失ったそのままの姿勢で朝まで待つのでしょうか。あるいは、まっすぐに上を向く姿勢に戻って、朝を待つのでしょうか。それとも、次の日の朝、太陽の光は東の方向から昇ってくることを知っていて、東を向いて傾いた姿勢をとるのでしょうか。

観察した人によると、「夜の間に、東のほうに向きを変えて、朝には、東を向いた姿勢をとる」ということです。つまり、次の日の朝、太陽が東から昇ることを知っており、その方向を向いて待っているのです。夕方に太陽の姿を見失った西向きの姿勢から、何時ごろに、どのように東のほうに向きを変えるのでしょうか。夏休みの自由研究で、ぜひ、誰かにしてほしい実験です。

このふた葉と同じように、花を咲かせる前のヒマワリの茎の一番上の若い葉っぱも、太陽の姿を追ってまわります。ツボミは、一番上の若い葉っぱの間にできますから、若い葉っぱがそのように太陽を追ってまわると、ツボミも太陽の動きに合わせてまわります。

だから、ツボミの小さい間は、毎日、東から西に動くのです。そのため、「ヒマワリの花は、いつも太陽の方向を向いており、太陽の動きを追って、花がまわる」という説が広まったのでしょう。

しかし、ツボミが大きくなって重くなると動けなくなります。その動きが止まるとき、東を向いて止まるのです。「夜のあいだにヒマワリの花が東を向いて止まる」というのが、「東を向いて咲く」理由です。

夕方から朝までの長い夜の間に、東に向きを変えながら、ツボミは大きくなっていきます。ツボミは大きくなるにつれて、動きづらくなります。その結果、ツボミが動けなくなるのが、東を向いた状態と考えられます。

「もしそうなら、ヒマワリ園やヒマワリ畑で栽培される何万本、何十万本の中には、ツボミが大きく重くなって、動けなくなるのが東を向いた状態でないものもあるのではないか」と

ごくまれにある、東を向いていないヒマワリ

の疑問をもつ人もいます。

その疑問をもって、何百個、何千個の花が撮られている一枚の写真を丁寧に見ると、ごくまれに、東を向いていない花を見つけることができます。何百個、何千個の花の中には、理屈通りに、東を向いて咲かないものもあるのです。

昔から、ヒマワリは大きかったか？

ヒマワリの背丈は高く、大きな花が咲きます。「昔から、ヒマワリは、このように大型の植物であったのか」と〝ふしぎ〟に思われることがあります。それに対し、「ヒマワリといえば、もともとは、背丈が低く、小さい花だった」という説もあります。現在のりっぱで大きいヒマワリにとっては、小さい昔の姿は知られたくない〝ひみつ〟かもしれません。

ヒマワリの原産地は、北アメリカとされています。今でも原種に近い品種があるとのことで、これは、背丈が低く、小さな花を咲かせます。ヨーロッパには、約五〇〇年前に伝えられました。

ヒマワリは、日本では、タネがあまり食べられませんから、観賞用の植物と思われがちです。でも、世界的には、タネが食べられたり、タネから油がとられたりします。そのために、タネの収穫量が増えるように、背丈が高く、大きな花が咲くように、品種改良がなされてきました。

ヒマワリの油は、サンフラワー・オイルといわれ、料理などに使われます。成分として、リノール酸やオレイン酸などの不飽和脂肪酸が多く含まれています。これらは、「コレステロールの値を下げ、動脈硬化を予防する働きがある」といわれています。

しかし、どんなに健康によいといわれる食品成分でも、過剰に摂取した場合、弊害がありますす。このオイルについても、過剰摂取の弊害が指摘されています。「薬も、過ぎれば、毒となる」といわれる通りです。

ヒマワリのタネは、そのまま食べられることもあります。ヒマワリのタネには、ビタミンEが多く含まれています。ビタミンEには、抗酸化作用があり、〝若返りのビタミン〟として知られています。

ヒマワリは、ロシアで多く栽培されており、ロシアの「国花」に選ばれています。また、この国は、ヒマワリのタネの生産量がウクライナに次いで世界第二位で、消費量は世界第一位です。

どこまで、背丈は伸びるのか?

ヒマワリは、成長するにつれて、背丈がぐんぐんと高く伸びる植物です。「成長にいい環境で栽培すれば、どこまでヒマワリの背丈は伸びるのか」という〝ふしぎ〟が生まれます。さて、どのくらいまで伸びるのでしょうか。

二〇一二年の夏、「約七メートルという背丈の高いヒマワリに花が咲いている」という報道がありました。二〇一五年には、「大阪府の貝塚《かいづか》市で、背丈七・四メートルのヒマワリが育った」とも話題になりました。ふつう、二~三メートルの背丈なら大きいといわれるのに、七メートルを超えているのです。

これらのヒマワリは、どんな方法で栽培されたのかと興味を引きます。約七メートルのヒマワリが育てられたのは、栽培者のすごい努力の賜物《たまもの》です。その人は、二〇一六年の時点で、三〇年間にわたって毎年、ヒマワリを育ててきました。そして毎年、もっとも背が高くなったヒマワリのタネをとって、そのタネを翌年にまいて育てるのです。

それを三〇年間続けてきた結果、七メートルを超える背丈になっているというのです。この方法で、今後もさらに背の高いヒマワリが育てられる可能性があります。花の大きさも気になりますが、二〇一六年の花は、直径が約四〇センチメートルでした。ちなみに、ふつうのヒマワリの花では、品種にもよりますが、多くのものが直径二〇センチメートルを超えません。

背丈の高いヒマワリの栽培への挑戦は、日本だけではなく、世界でも行われています。長い間、世界でもっとも背が高いヒマワリは、一九八六年にオランダで記録された「七・七六メートル」であるといわれてきました。でも、二〇〇九年に、ドイツで八メートルを超える記録が生まれました。

そして、二〇一四年には、同じくドイツで、とうとう九メートルを超えました。このヒマワリの背丈は、正確には、九・一七メートルであり、世界一を認定するギネス・ワールドの記録に認定されました。今後も、日本でも、世界でも、挑戦は続いていくのでしょう。

なぜ、多くのタネができるのか？

ヒマワリは、大きな花を咲かせます。その花のまわりには、黄色の花びらがあり、それに取り囲まれた円形の部分は、茶色に見えて、花びらのようなものは見当たりません。そして、花びらがしおれるころには、円形の中央部分には、多くのタネがつくられています。「一つのヒマワリの花の中に、いくつのタネがつくられているか」と〝ふしぎ〟に思って、実際に、私は数えてみたことがあります。そのときの花には、一一二六個のタネが含まれていました。

「なぜ、一つの花の中に、こんなに多くのタネができるのか」との〝ふしぎ〟が浮かびます。そのため、「ヒマワリの花は、なぜ、多くのタネをつくるのか」という疑問がもたれることがあります。

これに対する答えは、「ヒマワリは、多くの子ども（タネ）をつくりたいから」となります。多くのタネができるためには、ヒマワリのタネのつくり方と、花の構造に、〝ひみつ〟があります。

まず、タネのつくり方です。植物には、いろいろな増殖の方法があります。チューリップのように球根をつくるものや、モモやリンゴのように、おいしい果肉のついた果実をつくり、その中にタネをつくるものもあります。

これらに比べて、果肉をつくらずに、多くのタネだけをつくるものがあります。タンポポやコスモスなどで、ヒマワリも、この方法をとる植物です。ですから、多くの子ども（タネ）をつくるための工夫が、花の構造に凝らされています。

ヒマワリの大きな花は、一つの花と思われがちですが、一つの花ではありません。多くの小さな花が集まって、大きな花のようになっているのです。大きな花に見せれば、ハチやチョウなどの虫に目立って、虫を引き寄せ、花粉を運んでもらうことができるからです。

私が数えたときには、その花には一二二六個のタネが含まれていたことを、前で紹介しました。ということは、一つの花が一個のタネをつくるとすると、その場合、一つの花に少なくとも一二二六個の花が集まっていたということになります。

一つに見える花が、多くの花の集まりであるというのは、そんなにめずらしいことではありません。一枚の花びらのように見えるものは、キク科の仲間であるタンポポの場合と同じで、それぞれが一つの花なのです。

ヒマワリの花びらのように見える一枚一枚は、それぞれ一つの花です。その姿を舌に見立てて、「舌状花《ぜつじょうか》」といわれます。それらは、黄色く目立って虫を引きつける役目をしています。

花の中央の円形の部分には多くのオシベがあるような印象を受けますが、注意深く見ると、多くの小さな筒のようなものが集まっています。この一つ一つの筒が、正確には一つの花なのです。筒状に見えるので、「筒《とう》状花」といわれます。あるいは、管状に見えるので、「管《かん》状花」ともよばれます。

ヒマワリの花は、多くの小さな花が集まっていますが、集まった花は、役割が二つに分かれています。まわりの舌状花は、きれいな色の花びらで虫を誘う役割を果たします。内部にある筒状花（管状花）は、タネをつくるという仕事を引き受けているのです。ヒマワリは、まわりが舌状花、内部が筒状花（管状花）という二種類の花が多く集まって、一つに見える花を咲かせているのです。

このように小さな花が集まって一つの花に見えている場合、この花の集まりを「頭状花」、あるいは、「頭花」といい、ふつうは、ただ「花」とよばれています。頭状花を咲かせるのは、キク科の植物の特徴なのです。

ヒマワリの場合には、舌状花と筒状花の二つの種類の花が集まっていますが、タンポポの花は、筒状花はなく舌状花だけが集まっています。一方、同じくキク科のアザミの花では、舌状花はなく筒状花だけが集まっています。

「ヒマワリの花は、なぜ、多くのタネをつくるのか」という疑問にたいして、「ヒマワリの花は大きいので、多くのタネをつくる」と思われがちです。でも、大きな花だから多くのタネをつくるのではないのです。大きな花は、多くの小さな花の集まりであり、小さな花が一つずつのタネをつくるので、多くのタネができているのです。

弁護士バッジのヒマワリの花びらは、何枚か？

小さな金属製の記章が、衣服や帽子などにつけられることがあります。多くの場合、これらは、つけている人の職業や所属する組織などを示します。それらには、デザイン化された花がよく用いられます。

たとえば、国会議員や検察官のバッジにはキクの花が描かれています。また、特許や商標、実用新案などの登録出願などを業務とする弁理士のバッジには、まわりにキクの花、中央には、キリがデザイン化されています。税に関する業務を担う税理士のバッジには、サクラの花が描かれています。

花のデザインでは、何枚の花びらが描かれているのかと気になります。サクラの花なら当然五枚ですが、「キク科の場合には、何枚の花びらが描かれているのか」との〝ふしぎ〟が浮上します。

キク科植物の花の「花びら」とよんでいる部分は、前項「なぜ、多くのタネができるのか？」で紹介したように、それぞれが一つの舌状花なのです。植物により舌状花の数はいろいろです。国会議員のバッジに描かれているキクの花の花びらの枚数は、一一枚です。弁理士のバッジのキクは、一六枚です。

弁護士のバッジには、ヒマワリの花がデザイン化されています。描かれている花は、まわりの舌状花だけです。ヒマワリの花の舌状花の個数はさまざまで、多いものでは一〇〇個を超えています。そのため、何枚の花びらが描かれているかが気になります。

弁護士バッジに描かれているヒマワリの花びらは一六枚となっています。ほんとうのヒマワリの花の中央には筒状花がありますが、バッジには、これが描かれずに、中央には一台の天秤《てんびん》が描かれています。

これは、弁護士の仕事と、心がけを表すものとされます。ヒマワリは太陽に向かって明るく花咲くことから、「自由と正義」を象徴し、天秤は、「公正と平等」を追い求める者として表されています。

ヒマワリをあしらった弁護士バッジ

ヒマワリのタネは、タネではないのか?

タネをつくっているヒマワリを見て、「ヒマワリの大きな花は、多くのタネをつくる」と感激されます。しかし、「ヒマワリでは、タネとよばれるものは、タネではない」といわれることがあります。

タネが結実しているヒマワリの花を見ている人に、「ヒマワリのタネって、どれなの」と尋ねます。すると、

「何をいっているのか」というような怪訝《けげん》な顔つきとともに、花の中から一粒のタネらしきものをつまみだして、「これがタネですよ」と見せられます。

見せられたものは、植物学的には、果実なのです。でも、果実の中にはタネが入っていますから、間違いではありません。「これは、タネそのものじゃないよ」というと、「いったいどういうことなのか」という〝ふしぎ〟な表情が返ってきます。

ヒマワリを含む被子植物の花の特徴の一つは、メシベの基部に子房をもつことです。子房は、果実になる部分です。これがあるおかげで、おいしい果肉をつくる果実を実らせることができます。

被子植物は、おいしい果実をつくり、動物に食べられることによって、果実の中にあるタネを、まき散らしたり、糞といっしょに散布してもらったりすることができます。このおかげで、被子植物は、自分が動きまわることなく、生育の範囲を広げることができるようになったのです。

ヒマワリのタネとよばれるものは、メシベの基部につくられており、植物学的には、果実なのです。「では、タネはどこにあるのか」との疑問がおこります。被子植物では、果実となる子房に包まれるように、「胚珠《はいしゅ》」とよばれる部分があり、ここがタネになります。ですから、タネは果実の中にあるのです。モモでも、リンゴでも、サクランボでも、果実の中にタネがあります。

ですから、ヒマワリの場合も、果実の中に、タネがあるのです。ただ、ヒマワリの果実は、果肉をもたないので、「痩《や》せている果実」という意味で、「痩果《そうか》」とよばれます。痩果は、果肉がなくても果実であり、タネではないのです。でも、ふつうには、痩果は「タネ」とよばれることが多くあります。

たとえば、ヒマワリでは、「花の中心部に、多くのタネができる」といわれます。この表現は、誤りではありません。中心部にある多くのタネのようなものには、縞模様《しまもよう》があるものがあります。そんなとき、「ヒマワリの一粒のタネには縞模様がある」と表現されます。

このように表現しても、多くの場合、何の疑義も感じられません。でも、この表現は、植物学的には、誤りになります。縞模様があるのは、果実の皮であり、「果皮」だからです。ヒマワリの「タネ」とよんでいるものは痩果という果実で、まわりを覆っているものは、果皮であって、「種皮」ではありません。

この果皮を割って中をのぞくと、種皮をつけたタネが入っています。ですから、「ヒマワリの種皮には縞模様がある」という表現は、誤りになるのです。「花の中心部に、多くのタネができる」という表現が誤りでないのは、痩果の中にタネがあるからです。

ヒマワリだけではなく、タンポポの綿毛の下にある楕円体の粒や、イチゴのツブツブの部分などは、いかにもタネに見えるので、ふつうには、タネとよばれます。しかし、それらは、植物学的には、タネではなく、痩果なのです。

そのため、ヒマワリやタンポポ、イチゴの痩果を「タネ」といっていると、植物学の用語にこだわる人に、「それはタネじゃないよ」と指摘されます。正しい意味に使われていないことに辛抱できないのでしょう。

もしそんなことがあったら、その通りなのですから、いわれたことに同意するように「そう、その通りです」の意味を込めて、「ああ、そうか（痩果）」と返してください。もうそれ以上、いわれることはないでしょう。逆に、「ああ、そうか（痩果）、知っていたのか」と納得してもらえます。

ヒマワリは、緑肥作物か？

数百株、数千株のヒマワリが植えられていることがあります。ときには、数万株、数十万株といわれることがあります。この目的は、いろいろありますが、その中の一つは、観賞用として役立つことです。ヒマワリの花は、心を明るくしてくれます。

庭や花壇で栽培されて楽しまれるだけでなく、広いヒマワリ園などでは、何千本、何万本と栽培されて、背が高くなることを利用して、「迷路」がつくられます。観光資源としても使われているのです。

ヒマワリが栽培されるもう一つの目的は、土の中にすき込んで土を肥やすという目的があります。育った植物の緑の葉っぱや茎が土の中にすき込まれて肥料となるので、このような植物は緑肥作物といわれます。

緑肥作物については、第二話のアブラナの「なぜ、トラクターですき込まれてしまうのか？」や、第四話のイネの「なぜ、田植え前の田んぼに、レンゲソウが植えられるのか？」でも紹介しました。

緑肥作物として、アブラナはサツマイモなどの畑作の前に植えられ、レンゲソウは田植え前の田んぼに栽培されます。そして、成長した植物の葉っぱや茎が土の中にすき込まれます。すき込まれた葉っぱや茎は、土の中で微生物により分解されて養分となり、すき込んだあとに栽培される作物の養分となるのです。また、葉っぱや茎に含まれていたデンプンやタンパク質などの有機物は、土中の微生物の数を増やして活動を促し、土壌の肥沃度を高めます。

夏から秋に、ヒマワリやマリーゴールドなどのキク科の植物が、畑一面に花を咲かせていることがあります。これらの植物は、景色をよくするために栽培されているという意味で、「景観植物」といわれます。

しかし、多くの場合、これらの植物は、ただ景色をよくするために栽培されているわけではありません。緑肥作物として栽培されているのです。どんな植物でも葉っぱや茎を構成する成分は肥料として利用できますから、どの植物も緑肥作物になることはできます。ただ、近年、緑肥作物として栽培されるためには、別の役に立つ性質をもたねばならないことを、アブラナやイネの〝ひみつ〟として紹介しました。

アブラナはすき込まれた土壌中で、「イソチオシアネート」という物質を生み出します。レンゲソウの葉っぱや茎が土にすき込まれて分解されると、酪酸やプロピオン酸などという物質が生じます。これらは、有害な病原菌の増殖を抑え、雑草の繁茂を抑制します。

ヒマワリは、伸びた根の内部や付近に菌根菌という菌を住まわせます。この菌は、土中のリン酸を吸収し、蓄積してヒマワリの根に与えます。そのため、リン酸の少ない土壌で、リン酸の利用率を向上させる効果が期待されます。

たとえば、沖縄県のサトウキビ畑では、春の収穫後にヒマワリを育てます。すると、夏にサトウキビの苗を植える前までに、十分な背丈に成長します。そのまま、畑にすき込むことで、ヒマワリは緑肥として利用されています。

また、ヒマワリを緑肥にして、メロンを栽培すると、メロンの成長がよくなるといわれたり、タマネギを栽培すると、タマネギがよく肥大するといわれたりします。

第七話

ジャガイモの“ひみつ”

四大作物の一つ

ジャガイモはナス科の植物で、原産地は南米のアンデス地方です。「野菜」という言葉は、田畑に栽培される草本性の作物を指しますから、ジャガイモも野菜の一種になるはずです。でも、イモとマメは、多くの場合、野菜といわれず、「イモ類」とか「マメ類」とよばれます。

ジャガイモという名前は、一五九八年、あるいは、一六〇三年といわれますが、ジャワ島のジャカルタからオランダ船により日本にもたらされたことに由来します。「ジャカルタ（ジャガタラ）からきたイモ」という意味で、「ジャガタライモ」とよばれ、「ジャガイモ」に転訛しました。

現在、日本で栽培され消費されている代表的な品種は、「男爵」と「メークイン」です。男爵は、明治時代に、高知県出身の川田龍吉《かわだりょうきち》男爵によりイギリスから導入された品種で、外国では、「アイリッシュ・コブラー」とか「ユーリカ」などとよばれていたものです。男爵というのは、明治時代に決められた五つの華族階級（公爵、侯爵、伯爵、子爵、男爵）の爵位の一つです。

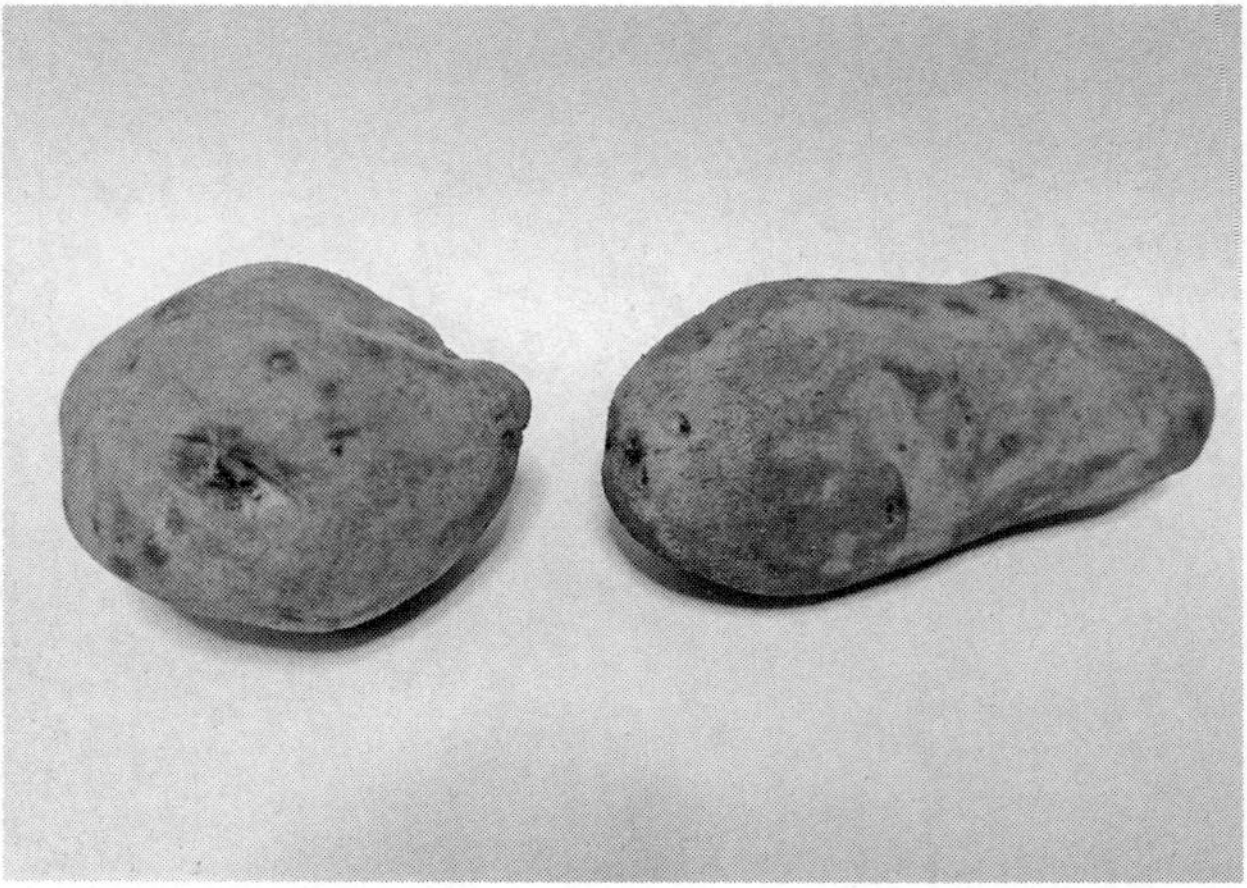

男爵（左）とメークイン

この品種のイモは、丸くてゴツゴツしており、表面には深いくぼみがあります。イモの部分は、「食感がホクホク」と形容されるように粘りが少ないのです。そのため、くずれやすいので、コロッケやサラダなどのようにつぶして使う料理に適しています。

メークインは、イギリスで普及していた品種で、大正時代に、アメリカを経由して日本に導入されました。イモは、長細く、表面はツルツルしており、形がくずれにくい粘質です。そのため、煮物や炒《いた》め物、おでんやカレーライスなどに適しているといわれます。

ただ、料理に対する使い分けは、一つの目安にすぎず、好みにより変わります。たとえば、おでんには、形が保たれるメークインが適しているとされますが、ホクホクの男爵が

ゴッホ『馬鈴薯を食べる人々』

好んで使われることも多くあります。

名前の由来は、見た目の美しさから「五月(メイ)に行われる村祭りで選ばれる女王(クイーン)にちなむ」といわれます。「メイクイーン」や、「メイクィン」、「メークイーン」や「メークィン」などと書かれることがありますが、名称の正式な表記は「メークイン」と定められています。

二〇〇八年は、「国際ポテト年」として、ジャガイモの生産を世界的に高めることが奨励されました。日本では、サツマイモもよく利用されることから、ポテトにサツマイモを加えて、この年は、「国際イモ年」といわれました。

ジャガイモは、コメ、コムギ、トウモロコシの「三大穀物」とともに、「四大作物」の一つとなっています。ジャガイモは、世界の多くの人々の食糧となっているのです。

十九世紀、オランダの画家、ファン・ゴッホは、明るい花であるヒマワリを好んで描きましたが、対照的な暗い色調で、ジャガイモを描いています。『馬鈴薯《ばれいしょ》を食べる人々』という題で、農民の姿を描いており、多くのゴッホファンを引きつけています。馬鈴薯は、ジャガイモの別の呼び名です。この名前は、イモの姿や形が「馬の首につける鈴」に似ていることに由来するといわれます。

ジャガイモの仲間の植物というと、同じように「イモ」を食用とするサツマイモやサトイモが思い浮かばれます。しかし、サツマイモはヒルガオ科であり、サトイモはサトイモ科の植物であり、ナス科のジャガイモの仲間ではありません。

ナス科の植物は、ナスやトマト、ピーマンやタバコなどです。このような有用な植物の他に、有毒物質をもっているチョウセンアサガオやベラドンナ、ハシリドコロなども、ナス科の植物です。

食用部は、根ではないのか?

「イモ」という言葉は、植物の根や地下茎が肥大して養分を蓄えたもので、食用に利用されるものに使われます。そのため、ジャガイモもサツマイモも「イモ」という言葉が使われるのです。しかし、ジャガイモとサツマイモは同じイモであっても、食用部の性質が異なります。

ジャガイモの食用部は、地中から掘り出されます。そのため、「根」と思われがちですが、根ではありません。ジャガイモの食用部は、茎なのです。茎に栄養が蓄えられて、かたまり（塊）となって肥大しているので、ジャガイモのイモは「塊茎」とよばれます。それに対し、サツマイモの食用部分は根です。根に栄養が蓄えられて、かたまりとなって肥大したもので、サツマイモのイモは「塊根」とよばれます。

ジャガイモの食用部は茎であり、サツマイモの食用部は根であるといわれると、「同じイモなのに、どのように茎と根に区別されるのか」との〝ふしぎ〟が浮上します。この〝ふしぎ〟を解く〝ひみつ〟は、二つのイモにある三つの性質の違いで明かすことができます。

一つ目の違いは、光が当たったときです。ジャガイモのイモは、光が当たると、緑色になります。茎には、葉っぱと同じように、光が当たると、クロロフィルという緑の色素をつくる性質があるからです。ジャガイモのイモは、根のように見えても、光が当たると緑色になる茎なのです。

それに対し、サツマイモのイモは、光が当たっても、緑色にはなりません。根には、光が当たっても、緑の色素をつくる性質がないからです。このことは、ダイコンの食用部でよくわかります。

ダイコンは、「大根」と書かれ、根を食べる根菜類に含まれます。ですから、食用部は、根と思われがちですが、必ずしも根ではありません。ダイコンの食用部の上の部分は土から外に出ていることがあり、光が当たると緑になります。この現象は、緑色になる部分が、根ではなく、茎であることを示しています。

しかし、地上に出て光が当たっていても、食用部の下の部分は、緑色になりません。もしダイコンの食用部がすべて茎であるなら、光が当たったら緑色になるはずです。すなわち、ダイコンの食用部の上の部分は茎であり、下の部分は根なのです。

では、「ダイコンの茎と根の境目は、どこなのか」という疑問が浮かびますが、厳密には、茎と根の境目は定かではありません。ふつうには、「上方の三分の一あたりまでが、茎である」といわれます。

二つ目の違いは、イモの表面にあります。ジャガイモのイモの表面はツルツルしており、細い根がありません。茎の側面からは、根が出ないからです。それに対し、サツマイモのイモは根ですから、表面から、多くの細い〝ひげ根〟が生え出ています。

三つ目の違いは、芽の出方です。ジャガイモのイモから芽が出てくるのを観察すると、表面の〝くぼみ〟の部分から芽が出て、その芽のつけ根から根が出てきます。それに対し、サツマイモには、〝くぼみ〟に当たるものがありません。芽を出させると、長細いイモの上部（収穫したときに茎に近かった部分）から芽が出て、イモの下部から根が出ます。

以上のように、ジャガイモとサツマイモには、同じイモであっても、茎と根の違いがあります。しかし、三つ目の違いで紹介されたように、茎であっても、根であっても、食用部のイモの部分から、新しい芽が出てくることは共通しています。

このようにして生まれた芽は、一つの個体として成長します。このような方法で新しい個体が生まれてくる増え方は、「無性生殖」といわれます。無性生殖では、親とまったく同じ性質の分身が生まれます。

このとき、「暑さに強い」「乾燥に強い」「ある病気にかかりやすい」というような遺伝的な性質は、変化せずに親から子へ伝わります。生物の生殖にとって、同じような性質の子孫ばかりを残すことは好ましくありません。けれども、この方法なら、ハチやチョウに花粉を運んでもらうという世話にならなくても、確実に、次の世代へ命をつないでいくことはできます。

この生殖方法を利用すると、同じ味、形、大きさのイモをつくるジャガイモやサツマイモの芽生えが得られます。また、イモの部分に栄養がありますから、タネから芽生えた苗が育つより早く育ちます。そのため、種イモから芽生えを成長させるという無性生殖が、私たち

ジャガイモの花

人間による栽培に利用されています。

ジャガイモに、果実はできるのか?

ジャガイモの花は、昔、観賞用や装飾用に使われただけあって、美しいものです。十八世紀のフランス国王ルイ十六世の王妃マリー・アントワネットが、髪飾りにこの花を用いていたことはよく知られています。そのことが、「ジャガイモの普及に貢献した」といわれます。

その花は、ナスやトマトの花に似ています。ナスやトマトには、花が咲けば、実がなります。ところが、ジャガイモの花を見た人は多いのですが、果実を見た人は少ないのです。そのため、「花が咲くのに、果実がならない」と、〝ふしぎ〟に思われます。

しかし、家庭菜園で栽培していたジャガイモに花が咲き、思いもかけず、ミニトマトのような果実ができることがあります。そのようなときには、逆に、「なぜ、ジャガイモにミニトマトのような果実ができたのか」と、不思議がられます。

でも、これは、そんなに不思議な現象ではありません。ジャガイモはナス科の植物であり、ミニトマトもナス科の植物です。ですから、ジャガイモに花が咲き、果実ができると、ミニトマトのようなものができます。

すべての種類の生物は、新しい個体をつくります。この現象は、「生殖」とよばれます。生殖の様式には、オスとメスという性がかかわる有性生殖と、性がかかわらない無性生殖があります。

植物の有性生殖は、花が咲き、その花の中で、オシベの花粉をメシベの先端の部分である「柱頭」につける方法です。

オシベがオス、メシベがメスの生殖器官なので、この生殖には性が関与しています。だから、有性生殖といわれます。この生殖では、オシベの花粉をつくったオスの性質と、メシベをつくったメスの性質が混ぜ合わされて、いろいろな性質の子どもが生まれてきます。いろいろな性質の子どもがいると、子孫がさまざまな環境で生きていくことができます。

ジャガイモは、イモをつくる無性生殖でも増えますが、タネをつくる有性生殖でも子孫を残します。ジャガイモにできる果実は、はじめは緑色ですが、熟すにつれて黄色味を帯びます。果実の中にできるタネには、もちろん発芽能力があり、発芽すれば成長する力もあります。

では、「ふつうの栽培では、なぜ、ジャガイモに果実がなるのがめずらしい現象なのか」との疑問がおこります。花が咲いたあとに果実が実りはじめると、地中にある食用となるイモに蓄えられていた栄養が使われます。あるいは、これからイモに蓄えられるべき栄養が使われます。

私たち人間は、地下部にできるイモを食用とするので、このようになると困るのです。そのため、おいしいジャガイモを収穫しようとするときには、花が咲いても果実を実らせないほうがいいのです。

最近、市販されている品種では、花が咲いても果実がならないものが多くなっています。また、果実がなる品種でも果実がなるまで収穫を待つことがないので、ジャガイモにミニトマトのような果実がなっている現象はめずらしいのです。

なぜ、「大地のリンゴ」といわれるのか？

ジャガイモは、フランス語では「ポム・ド・テール」といわれます。ポムはリンゴであり、テールは大地や地面を意味します。ですから、「ポム・ド・テール」は、「大地のリンゴ」という意味になります。

「なぜ、ジャガイモが『大地のリンゴ』なのか」との〝ふしぎ〟が浮上します。ジャガイモの食用部は土の中にできるので、「大地」の意味は理解できます。しかし、ジャガイモに、リンゴの味はありません。

「生のジャガイモをかじったときの食感が、リンゴをかじったときと似ている」という説を聞いたことがありますが、これは〝まゆつばもの〟のように感じられます。別の説を紹介します。

リンゴについては、「一日一個のリンゴは、医者いらず」とか「リンゴ一個で医者知らず」、あるいは、「一日一個のリンゴは、医者を遠ざける」とかいわれます。いずれも、「一日に一個のリンゴを食べていれば、病気にならないので、お医者さんの世話になることはない」という意味です。

このリンゴの力にちなんで、ヨーロッパには、栄養があり、私たちの健康にとって値打ちの高い野菜や果実を「リンゴ」とよぶ習慣があるのです。たとえば、トマトは、昔から、

「トマトが赤くなると医者が青くなる」や、「トマトのある家に胃腸病なし」と言い伝えられています。

トマトは、フランスやイギリスでは「愛のリンゴ」、イタリアでは「黄金のリンゴ」、ドイツでは、「天国のリンゴ」とよばれます。トマトが「リンゴ」とよばれるのは、健康を守る働きが高く評価されているからです。

ジャガイモは、健康によい栄養を多く含んでいます。ジャガイモには、コメ、コムギ、トウモロコシの三大穀物に含まれるのと同じデンプンが多く含まれています。それに加えて、ビタミン、ミネラル、食物繊維が豊富に含まれています。

そのため、ジャガイモのイモは、食べると空腹を満たしてくれるだけでなく、栄養にもなります。ジャガイモは、大地の中につくられ、食べものとしての値打ちが高いので、「大地のリンゴ」なのです。

デンプンは、「ブドウ糖」、あるいは、英語名で「グルコース」とよばれる物質が結合して並んだ物質です。このブドウ糖こそが、私たちが生きるためや、成長するためのエネルギーの源になる物質なのです。だからこそ、私たち人間は、コメ、コムギ、トウモロコシなどを主食として、毎日、デンプンを食べ、それを消化して、ブドウ糖を利用しているのです。

ジャガイモには、デンプンが多いだけでなく、ビタミンCが豊富に含まれています。ビタミンCは、シミやシワを防ぎ、老化を抑制する物質として知られています。イチゴやレモン、キウイフルーツなどの果物に多く含まれています。

ビタミンCが野菜や果物に多く含まれることは、よく知られています。そのため、ビタミンCがジャガイモに多く含まれるといわれると、「ほんとうなのか」と疑いたくなります。でも、一〇〇グラム当たりに含まれる量は、ミカンに含まれる量と同じくらいであり、リンゴと比べると五倍以上も含まれています。

ビタミンCは、水に溶けやすく、調理されると流れ出たり、熱に弱いので分解したりするといわれます。ところが、ジャガイモに含まれるビタミンCは、多くのデンプンに守られて、水に流出しにくく、熱にも強いといわれます。

ジャガイモに含まれるミネラルには、マグネシウムや鉄分、カルシウムなどがありますが、特にカリウムの含有量が多いのです。「カリウムの王様」という名称は、カリウムを多く含むバナナに与えられることがありますが、ジャガイモにも使われます。

カリウムは、排尿を促す効果があり、余分な塩分の排出を促します。塩分は高血圧の原因になりますから、「ジャガイモは、血圧を下げて高血圧を予防したり、むくみを改善したりする効果がある」といわれます。

また、ジャガイモには、食物繊維が多く含まれます。この物質は、胃や腸で吸収されずに腸内で水を吸って移動し、腸をきれいにしてくれます。そのため、整腸作用があり、腸内の不用な物質を便として排出する働きがあります。

このように、ジャガイモには、イモ類でありながらビタミンCが多く含まれ、カリウムとともに食物繊維も多く含まれています。そのため、ジャガイモは、健康にとてもよいことから「大地のリンゴ」とよばれているのでしょう。

ジャガイモに多く含まれるデンプンは、調理されたあと、イモとしてそのまま食べられます。しかし、そのまま食されるだけでなく、「馬鈴薯澱粉《でんぷん》」として取り出されて、食材として大活躍します。

たとえば、「片栗粉《かたくりこ》」や「わらび粉」、「葛粉《くずこ》」などは、本来は、それぞれ、カタクリやワラビ、クズの根から取り出されたデンプンを原材料にするものです。ところが、これらの植物の根は大量に手に入れられるものではありません。そのため、市販されている片栗粉やわらび粉、葛粉などには、多くの場合、ジャガイモの「馬鈴薯澱粉」が代用として使われています。

「ポテト前線」とは、何か？

ウメやサクラの開花前線や、カエデの紅葉前線などの言葉はよく知られています。ウメやサクラの開花日や、カエデの紅葉日を観測し、同じ日である地点を地図上で結んだ線がこのようによばれます。これにならって、「ポテト前線」という言葉がありますが、「いったいどんな前線なのか」との〝ふしぎ〟が感じられます。

二〇一七年四月、ポテトチップスの大手メーカーが何種類もの人気商品の販売の休止、あるいは、終了を発表しました。前年の夏に北海道を襲った台風が原因でした。この台風で、収穫前のジャガイモが大きな被害を受け、ポテトチップスの原料となるジャガイモが不足したのです。

「ジャガイモなら北海道だけでなく日本全国で栽培されているのだから、それらを使えばいいではないか」との〝ふしぎ〟が浮かびます。たしかに、ジャガイモの生産量は、北海道が国内の約八割を占めて一番多いのですが、九州の長崎県や鹿児島県などでも栽培されています。

ところが、各地方で、収穫の時期はほぼ決まっているのです。多くを生産する産地である九州で五月から収穫がはじまり、中国地方で六月中旬、関西地方で六月下旬、関東地方で七月上旬、東北地方で七月下旬、北海道の南部で八月上旬、北海道の中北部では八月下旬のようになっています。

ジャガイモが収穫される月日がほぼ同じである地点を地図上でつないだものが、「ポテト収穫前線」です。これは、日本列島では、前述のように、春から秋までかけて、九州から北海道まで、北上していきます。あたかもウメやサクラの開花前線が北上していくのと同じようです。そこで、それらの開花前線になぞらえられて、ポテトの収穫前線とよばれるのです。これは略して、「ポテト前線」とも表現されます。

この収穫前線のため、北海道産が足りなくなったからといって、他府県産のもので間に合わせることはできないのです。一方、このポテト前線は、春から秋、日本中のどこかで常に収穫されていることを意味します。

「新ジャガ」という言葉があります。その年に収穫したばかりの新しいジャガイモです。そのため、ふつうなら、新キャベツや新タマネギのように、一時期に限られて使われる言葉ですが、「新ジャガ」という言葉は、日本中で、春から秋まで聞かれます。

多くの場合、「新ジャガ」とは、長崎県や鹿児島県産の、冬から春にかけて栽培され、春に出荷されてくるジャガイモを指します。しかし、ジャガイモのもっとも大きな産地は北海道です。北海道では、春から秋にかけてジャガイモが栽培され、収穫は秋からなされます。そのため、北海道の「新ジャガ」は、秋から出まわってくるのです。

人気のポテトチップスの販売休止、終了のニュースのあとには、早くも秋の収穫に備えて、栽培農家の争奪戦がはじまったと話題になりました。原料不足に懲りた大手メーカーが、より多くの生産量を確保するために、栽培農家の囲い込みをはじめたのです。

この背景には、ポテトチップス用のジャガイモは、収穫してから売られる先が決まるのではなく、栽培をはじめる前に、収穫したあとの行き先が決められるという事情があります。「他のメーカーより高く買いますから、ぜひ、私たちの会社と契約して栽培をはじめてください」との誘いで、栽培農家の奪い合いが、ポテトチップス・メーカーの間で行われたようです。

二〇一七年六月中旬、長崎県や鹿児島県で収穫されたジャガイモが供給されて、ポテトチップスの販売が順次再開されるとのニュースが流れました。これで、二〇一七年四月におこった「ポテトチップス騒動」は終結するように思われました。

しかし、販売再開のために、ポテトチップス・メーカーはかなりの苦労をして、原料のジャガイモを手に入れたようです。その余波を受けて、「馬鈴薯澱粉」や「ジャガイモ澱粉」と表示されて市販されている商品の原料が不足し、価格が上昇したため、値上げが発表されました。

有毒な物質をもたないジャガイモができるか？

ジャガイモは、家庭菜園や学校菜園で栽培しやすい植物です。そのため、よく栽培されています。ところが、家庭菜園や学校菜園などで栽培されて、収穫されたジャガイモが食中毒騒ぎを引きおこすことがあります。

芽を出しはじめたジャガイモには、ソラニンやチャコニンという有毒な物質が含まれていることはよく知られています。ですから、家庭で調理するときには、必ず発芽した芽を取り除く必要があります。

ジャガイモに含まれる有毒物質は熱を加えても分解されないので、「煮ても焼いても、その毒性は消えない」といわれます。ですから、調理する際には、芽がすでに出ていれば完全に〝芽かき〟をしなければなりません。〝芽かき〟とは、イモのくぼみから出てきた芽を根元から完全に取り除くことです。

ただ、有毒成分が含まれるのは、芽の部分だけではありません。表面が緑色になっていれば、その部分にも含まれています。それゆえ、その部分も取り除かなければなりません。未熟な小さなジャガイモにも、有毒成分は含まれています。

このようなジャガイモは、八百屋さんやスーパーマーケットでは、売られていることはありません。でも、家庭菜園や学校菜園などで栽培すると表皮が部分的に緑色になったジャガイモができることがあります。

学校菜園では、「せっかく子どもたちが栽培したものだから、捨てるのはもったいない」

との思いが抱かれます。そのため、表面が少し緑色がかっていても、小さく未熟であっても、調理されることがあります。

その結果、学校菜園でジャガイモの食中毒事件がおこることが多いのです。二〇一六年一〇月、「ジャガイモの食中毒事件のほぼ九割は、学校菜園のジャガイモでおこっている」との調査結果が、国立医薬品食品衛生研究所から発表されました。

一方、二〇一六年七月、理化学研究所を中心とした研究グループによって、有毒な物質をつくらないジャガイモができる可能性が見出《みいだ》され、話題になりました。ジャガイモがソラニンやチャコニンなどの有毒な物質をつくることはわかっていたのですが、どのようにつくられるのかは明らかになっていませんでした。

有毒な物質は、動物に食べられることから身を守るために、ジャガイモがつくっているものです。それは、私たち人間にも有害な物質です。ですから、もし人間につくり方を知られてしまうと、つくれないように邪魔をされるかもしれません。ですから、ジャガイモにすれば、そのつくり方を〝ひみつ〟にしておきたかったかもしれません。

このような物質がつくられるために、特定の遺伝子がはたらく必要があることはよく知られています。そこで、それらの遺伝子を探す研究が行われ、見つけられました。見つけられた遺伝子がはたらくと有毒な物質がつくられるかどうかを確認するためには、その遺伝子をはたらかないようにしてみることです。

その結果、それらの遺伝子の働きを抑えると有毒な物質がほとんどつくられないことが確認されました。ということは、ジャガイモの有毒な物質がつくられるために、どのような遺伝子がはたらかなければならないかが明らかになったということです。

「有毒な物質をつくるための遺伝子がわかったからといって、有毒な物質をつくらないジャガイモをつくるのに、どのように役に立つのか」という〝ふしぎ〟が浮かびます。たしかに、ジャガイモの中で有毒な物質がどのようにつくられるかがわかっても、ただちに有毒な物質をつくらないジャガイモができるわけではありません。

でも、手がかりは得られたわけです。有毒な物質をつくるためにはたらく遺伝子が特定されたのですから、その遺伝子がはたらかないようにしたジャガイモをつくれば、有毒な物質をもたないジャガイモができるということになります。

現在、ある特定の遺伝子の働きを抑える方法はいくつか知られています。たとえば、タマネギの涙を出させる物質をつくりだす遺伝子の働きを抑えて、切り刻んでも涙の出ないタマネギがつくられています。

同じように、有毒な物質をつくる遺伝子がわかったのですから、近い将来、有毒な物質をもたないジャガイモをつくることが可能になります。ジャガイモを食べて食中毒事件がおこるということは、近い将来なくなると思われます。

しかも、この発見は思わぬ利点をもたらす可能性が示されました。有毒な物質をつくる遺伝子の働きを抑えると、芽が出るという現象を遅らせることがわかったのです。有毒な物質をつくる遺伝子と発芽を遅らせることとの因果関係はまだわかっていませんが、ジャガイモを長く保存できるため、この発見の利用価値は大きなものがあります。

〝休眠〟させる方法は？

タネの発芽の三条件は、「適切な温度、水、空気（酸素）」といわれます。ですから、この三条件がそろえば、発芽がおこるタネはあります。しかし、この条件がそろえられても、発芽しないタネもあります。

発芽しないからといって、発芽の能力がないわけではありません。発芽する能力をもつタネが、発芽の三条件を与えられても発芽しない状態は、「タネが〝休眠〟している」と表現されます。

タネだけでなく、ジャガイモの芽も休眠します。ジャガイモは、収穫されたあと、しばらくは発芽しない状態にあります。これが休眠なのです。この期間が長いほど、私たち人間には都合がいいのです。

なぜなら、ジャガイモは芽を出してくると、ソラニンやチャコニンなどの有毒物質をつくります。そのため、食用として保存するジャガイモには、発芽を抑える工夫をしなければなりません。三つの方法が知られています。

一つ目は、温度の低い、暗黒の中に保存することです。低温は、発芽してくる時期を遅らせます。また、前項の「有毒な物質をもたないジャガイモができるか？」で紹介したように、有毒物質は、芽の部分だけではなく、表面が緑色になれば、その部分にも含まれます。ジャガイモは茎なので、光が当たると緑色になります。そのため、光を遮断して保存するのです。

二つ目の方法は、家庭などで貯蔵するような小規模の場合には、「密封できる袋などの中に、成熟したリンゴといっしょに入れておけばいい」といわれます。成熟したリンゴからは、エチレンという気体が放出されます。この気体は、ジャガイモの芽が出るのを抑える働きがあることが知られています。

三つ目の方法は、貯蔵するときにガンマ線という放射線を照射することです。照射すると、発芽が抑えられます。実際には、全国に出まわっているジャガイモの中で、この処理を受けているものはごくわずかです。

ですから、私たちが食用とする、小売店で売られるジャガイモには、この方法が使われたものはありません。そのため、このような処理をしたジャガイモを、ふつうに見かけることはありませんが、一つの方法として知られています。

第八話

キクの"ひみつ"

パスポートに描かれる花

キクは、日本で古くから栽培されてきた植物です。高潔な美しさや気品と風格に満ちた様子を君子にたとえられる四種類の植物は、「四君子」といわれます。キクは、ウメ、タケ、ランとともに、これに選ばれています。

この植物の白色や黄色、紅色の花は、多くの日本人にとって、心が和む「心の花」です。特に黄色の花が印象的であり、属名の「クリサンテムム（Chrysanthemum）」は、ギリシャ語の「chrysos（黄金色）」と「anthemon（花）」が語源であり、ラテン語で「黄金色の花」の意味になります。

「キク」という名前は、特定の種類の植物を指すものではなく、キク科キク属の植物に使われます。園芸店などでは、キクに対し、属名の「クリサンテムム」という語が使われることがあります。

キクは、天皇および皇室の御紋であり、パスポートの表紙には、キクが描かれています。天皇の御紋は、一六枚の花びら（花弁）をもつ一六弁で八重咲きのキクの花で、パスポートのほうは、同じ一六枚の花弁をもつ一六弁ですが、八重ではありません。

五〇円硬貨の表にも、一六弁のキクの花が描かれています。ちなみに、他の硬貨にデザイン化されて描かれている植物や植物由来のものは、一円玉の表には若木、五円玉の表には稲穂、裏にはふた葉、一〇円玉の裏には常盤木《ときわぎ》、一〇〇円玉の表にはサクラ、五〇〇円玉の表にはキリ、裏にはタケとタチバナです。

なぜ、一年中、咲いているのか？

キクの花は、日本では、お祝いごとがあっても不幸なことがあっても必要です。そのため、一年中、供給されなければなりません。しかし、多くの花は、咲く季節が決まっているもの

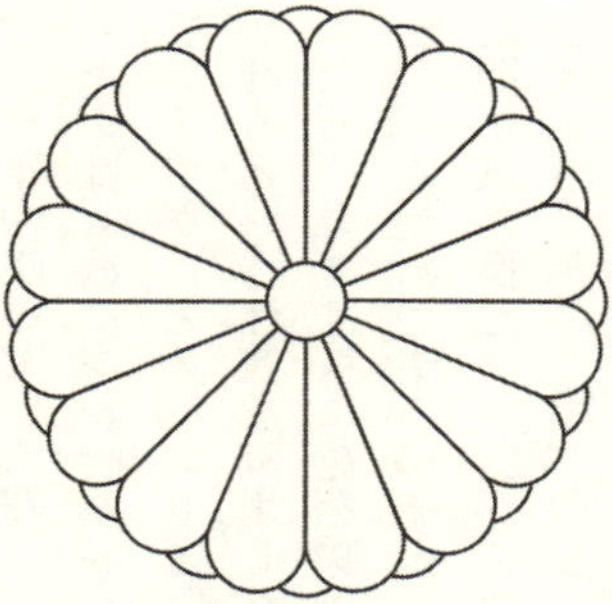

十六八重表菊紋

パスポートに描かれた一重のキク

で、一年中咲いている花は、めずらしいものです。

キクは、秋に花を咲かせる植物です。ですから、「どのようにして、一年中、花を咲かせているのか」との〝ふしぎ〟が生まれます。この〝ふしぎ〟に対しては、キクが秋に花を咲かせるという性質を利用した、〝ひみつ〟の栽培方法があるのです。

「なぜ、キクは秋に花を咲かせるのか」と考えてください。植物が花を咲かせるのは、タネをつくるためです。ですから、その疑問は、「なぜ、キクは秋にタネをつくるのか」という疑問に置き換えることができます。キクが秋にタネをつくることに、どんな意味があるのでしょうか。

タネの大切な役割の一つは、都合の悪い環境に耐えて生きのびることです。タネは、植物の姿では耐えられない、暑さや寒さ、乾燥などの不都合な環境を耐え忍ぶ力をもっているからです。

では、キクにとって、毎年訪れてくる不都合な環境とは何でしょうか。キクは、冬の寒さに弱い植物です。そのため、キクにとって、不都合な環境とは、冬の寒さなのです。ですから、キクは、冬の寒い期間をタネで過ごすために、秋にツボミをつくって花を咲かせ、タネをつくるのです。

キクが秋に花を咲かせるのは、冬の寒さをタネの姿でしのぐためなのです。もしそうなら、キクは、秋の間に、もうすぐ冬の寒さが訪れることを知って、ツボミをつくり、花を咲かせることになります。キクは、どのようにして、秋に、冬の寒さの訪れを前もって知るのでしょうか。

その答えは、「葉っぱが夜の長さをはかるから知ることができる」です。夜の長さをはかれば、寒さの訪れが前もってわかるのです。六月下旬の夏至を過ぎると、夜がだんだんと長くなります。夜がもっとも長くなるのは、冬至の日です。この日は、一二月の下旬です。それに対し、もっとも寒いのは二月です。

夜の長さの変化は、気温の変化より約二ヵ月先行しておこっているのです。ですから、植物たちは、葉っぱで夜の長さをはかることによって、寒さの訪れを約二ヵ月前に知ることができるのです。

キクだけでなく、秋に花を咲かせる植物たちは、夜の長さをはかることによって冬の寒さの訪れを前もって知り、ツボミをつくり、花を咲かせてタネをつくります。植物たちは、寒いからといって暖かい場所へ移動することはなく、自分にとって不都合な冬の寒さをタネの姿で生き抜いているのです。

キクは、秋に夜が長くなってくると、ツボミをつくり、花を咲かせます。このキクの性質がわかれば、それを利用して、一年中、季節を越えてキクの花を咲かせることができるようになります。

「キクの葉っぱに長い夜を与えなければ、ツボミはいつまでもできない」という性質を利用するのです。夜に電灯で照明をした温室で、夜の暗黒を与えられずに、キクは栽培されるのです。すなわち、キクを栽培する温室の中を、夜に電灯で照明をして明るくしておきます。電灯で照明するので、この栽培方法は「電照栽培」といわれます。

夜に電灯で照明されていると、ツボミはつくられず、背丈が高く成長します。そこで、花の出荷日が決まれば、その日にあわせて、ツボミがつくられるように、必要な長い夜を与えるのです。温室の電灯を消したり、夕方から黒いカーテンで温室を覆ったりするのです。すると、ツボミができ、やがて花が咲きます。

たとえば、お正月の飾りに使われるキクの花を出荷するためには、品種にもよりますが、一一月中旬あたりまで夜に電灯をつけたまま温室で栽培します。そのあと、電灯を消して長い夜を与えると、お正月に間に合うように、大きなツボミになり、花が咲きます。

結局、キクは、電照栽培されることにより、一年中、季節を越えて、花が供給されているのです。

白色のキクの花の色素は?

キクの花の色は、多くの場合、黄色です。この黄色は、カロテノイドという色素によるものです。キクの花にも赤みがかった色がありますが、カロテノイドにアントシアニンという赤色の色素が混じったものです。

カロテノイドやアントシアニンが花びらの中につくられるためには、それらの色素をつくるための遺伝子がはたらかねばなりません。だから、キクの黄色の花びらの中では、カロテノイドをつくる遺伝子がはたらいています。

キクには、真っ白の花も咲きます。「白いキクの花には、どんな色素が含まれているのか」という〝ふしぎ〟があります。この〝ふしぎ〟に対し、白色の花を咲かせるキクは、「カロテノイドをつくる遺伝子をもっていない」、あるいは、「カロテノイドをつくる遺伝子がはたらいていない」という可能性が考えられます。

ところが、研究によって、それらの可能性は否定されました。キクの花が白色である〝ひみつ〟が明らかにされたのです。黄色い花と同じように白い花にもカロテノイドをつくる遺伝子が存在し、しかも、白い花の中ではたらいていることがわかったのです。

「では、なぜ、花は黄色くならないのか」という疑問が浮かびます。そこで、その疑問が調べられました。その結果、黄色い色素であるカロテノイドをつくる遺伝子がはたらくと同時に、この黄色い色素を分解する遺伝子もはたらいていることがわかりました。そのため、つくられるはずのカロテノイドが次々と分解されて、黄色くならないのです。これで花が黄色にならない理由は納得されました。

でも、花は白色をしているのですから、次の〝ふしぎ〟が続きます。「白色の花びらには、どんな色素が含まれているのか」というものです。この〝ふしぎ〟に対しては、キクの花だけではなく、多くの植物の白い花に共通の〝ひみつ〟のしくみが隠れています。

白色の花の花びらには、アントシアニンやカロテノイドではなく、フラボンやフラボノールという色素が含まれています。ただ、これらは白色の色素ではありません。これらの色素は、無色透明のように見えるか、うすいクリーム色なのです。ですから、これらの色素しか含まれなければ、花びらは無色透明かうすいクリーム色に見えるはずなのです。

ところが、花が白色に見えるのには、〝ひみつ〟があります。それは、花びらの中に、空気の小さな泡が多く含まれることです。空気の小さな泡が多くあると、光が当たったときに、その光が泡に反射して、白く見えるのです。

たとえば、水しぶきは滝などで白く見えます。でも、滝に流れている水はふつうの水です。水しぶきが白く見えるからといって、水しぶきを集めても、白い水ではなく、ふつうの水です。空気の小さな泡ができることにより、水が白く見えているのです。

また、波打ちぎわに寄せる海水は白く見えますが、決して海水が白いわけではありません。

ビールをついだときにできる白い泡には、空気が入っています。ですから、泡を集めてしばらくおくと、泡が消えてビールの色である琥珀色《こはくいろ》になります。石鹸《せっけん》の泡も白いですが、泡を集めておいておくと、石鹸水の色になります。

花びらが白く見えるのは、これらと同じで、花びらの中に空気の小さな泡を含んでいて、光がその泡に反射して、白く見えているのです。「白く見える」からといって、白い色素を含んでいるわけではないのです。

「では、白色の花びらの中の小さな空気の泡を追い出せば、花びらは無色透明に見えるか」という疑問が浮かぶかもしれません。キクに限らず、どの植物の白い花でもいいのですが、白色の花びらで試みてください。

一枚の花びらを取り出して、親指と人差し指で花びらを強く押さえると、その部分にあった空気の泡を追い出すことができます。すると、その部分は無色透明になります。花びらがうすいものより、ぶあついもののほうがわかりやすいかもしれません。

アントシアニンを含んでいる赤色や青色の花や、カロテノイドを含んでいる黄色の花にも、空気の小さな泡は多く含まれています。しかし、これらの場合には、アントシアニンやカロテノイドの色が強いので、泡で反射する光は白色に見えないのです。

なぜ、キクは『万葉集』に詠まれていないのか?

キクは、日本で古くから栽培されており、多くの日本人にとって、「心の花」となっています。ところが、多くの植物が詠まれている『万葉集』に、キクの花がないのです。「なぜ、キクの花が『万葉集』に詠まれていないのか」という〝ふしぎ〟があります。

「ももよぐさ」と詠まれているものが「ノギク」であるとの説があります。たとえそうだとしても、その植物がでてくるのは一首のみで、「なぜ、キクの花が『万葉集』に詠まれていないのか」という〝ふしぎ〟に変わりはありません。

この〝ふしぎ〟には、〝ひみつ〟があります。『万葉集』は奈良時代に編纂され、第一話の「ウメの〝ひみつ〟」で紹介したように、約四五〇〇首の歌のうち、約一五〇〇首に、約一六〇種類の植物が詠み込まれています。

詠まれている植物を多い順に一〇種類あげると、「ハギ、ウメ、マツ、タチバナ、アシ(ヨシ)、スゲ、ススキ、サクラ、ヤナギ、チガヤ」です。この植物のベスト・テンの中に、キクはありません。

『万葉集』では、「キクを詠んだ歌は、一つも含まれていない」といわれたり、「日本在来のノジギクが一首あるだけ」といわれたりします。『万葉集』には、多くの植物が詠まれているにもかかわらず、キクが詠まれた歌はないのです。

キクの花が、『万葉集』に、ほとんど詠まれていない理由は、キク（栽培されるイエギク）が原産地の中国から日本に入ってくるのは、奈良時代よりあとだからなのです。そのため、奈良時代に編纂された『万葉集』には、キクが詠まれた歌があるはずはないのです。

『古今和歌集』は、平安時代に編纂されています。その歌集に収められた歌にも、多くの植物が詠まれています。多い順に、サクラ、モミジ、ウメ、オミナエシ、ハギ、マツであり、これに続いて、キクが詠まれています。日本に入ってきたキクは、平安時代前期の『古今和歌集』に早くも多数詠み込まれているのです。

そのあと、キクは、鎌倉時代に、後鳥羽《ごとば》上皇にたいへん気に入られ、刀や衣服に紋章として使われました。そして、江戸時代には、品種改良が進みました。明治時代になって、キクの花は、現在のように天皇および皇室の紋章として正式に定められたのです。

では、「それまでの天皇や皇室の紋章は、何であったのか」との疑問が生まれます。その答えは、「明治時代までは、定められていなかった」というものです。

第九話

イチョウの“ひみつ”

一科一属一種のさびしい植物

イチョウは、イチョウ科イチョウ属の植物であり、仲間がいません。多くの植物は、科や属に仲間がいます。たとえば、生物の分類学上の一つの階層である「科」のレベルでは、サクラやウメ、モモやナシなどは、同じバラ科に属する仲間であり、イネ科なら、イネやコムギ、トウモロコシが、同じ科に属する仲間です。

「科」の下のグループ名を示す「属」になっても、サクラやウメは、古い分類では、サクラ属（スモモ属）の仲間でした。近年の新しい分類になっても、サクラ属では、サクラは、サクランボをつくるセイヨウミザクラなどが仲間であり、ウメやアンズは、アンズ属の仲間です。

イチョウの学名は、「ギンクゴ・ビロバ（*Ginkgo biloba*）」です。「ギンクゴ」は、イチョウ属を示し、「ビロバ」の「ビ（bi）」は二つを意味し、「ロバ（loba）」は葉っぱを意味します。そのため、「ビロバ」は、二つに分かれた葉っぱを意味します。その通りに、この植物の葉っぱは、二つに浅く裂けています。

イチョウは、約二億年前に中国で生まれ、約一億年前には、十数種類が栄えていたと考えられています。しかし、その後に訪れる氷河期を越えて生き残ったのは一種類のみでした。そのため、現在のイチョウは、同じ科や属に仲間がいない、一科一属一種のさびしく生きる植物なのです。「杜仲茶《とちゅうちゃ》」の原料となるトチュウ科トチュウ属のトチュウも一科一属一種の植物として知られていますが、このような植物は多くありません。

イチョウの木は、さっそうと背丈を伸ばして立っています。その樹形からは、そのようなさびしい境遇にある植物とは思えません。近年は、「虫がつかない」とか「大気汚染に強い」などといわれて街路樹や、都会の公園によく植栽されています。

また、この植物は、多くの神社や仏閣に植えられ、ときには、神木として崇《あが》められています。そのように私たちとともに歴史を刻んできたように思えるイチョウには、氷河期に多くの仲間を失ったという、〝ひみつ〟の過去があるのです。

イチョウの原産地である中国での呼び名や、日本の江戸時代の呼称では、「銀杏」と書かれ、「ギンキョウ」と発音されました。ギンナンとよばれる硬いタネが銀色に輝くような白色で、形がアンズ（杏）の果実に似ているからといわれます。

イチョウは、長老や祖父の尊称などを意味する漢字である「公」が使われて、「公孫樹」と表記されることがあります。これは、「老木にならないと、ギンナンが実らない」という性質に基づくものです。

この名前には、「長老や祖父が植えた木が孫の代になって実る樹木」という意味が込められています。「モモ、クリ三年、カキ八年」にならって、「イチョウ三〇年」といわれることもあります。

この植物は、東京都の「都の木」に定められています。そのため、東京都のシンボル・マークを見て、「イチョウがデザイン化されて描かれている」と思われることもあります。たしかに、東京都のマークは一枚のイチョウの葉っぱのようです。

しかし、「東京都のシンボル・マークは、『東京』の頭文字をアルファベットで表した『T』をデザイン化したもの」とされています。アルファベットのTをデザイン化すると、イチョウの葉に似ているのです。

イチョウは、神奈川県の「県の木」にも選ばれています。この木は、県内の多くの神社や寺院、公園に植えられ街路樹としても植栽されています。県内の美しい緑の環境を守る木として、県民に親しまれているからです。

イチョウ並木で名高い御堂筋《みどうすじ》のある大阪府でも、イチョウは「府の木」と定められています。御堂筋のイチョウ並木は、「近代大阪を象徴する歴史的な景観」として、平成一二年度に、大阪市指定文化財に指定されています。

「日本三大名城」、あるいは、「日本三名城」といわれる城があります。これに、どの城が入るかは、諸説があります。多くの場合、名古屋城、大阪城、熊本城が選ばれます。この中の熊本城は、安土桃山時代に活躍した武将である加藤清正《かとうきよまさ》が築城し、イチョウの木が多く植えられたので、「銀杏城《ぎんなんじょう》」ともよばれています。

「兵糧攻めにあったときに、ギンナンで飢えをしのごうとの思いが込められていた」といわれることもあります。この真偽は不明ですが、現在でも、大きなイチョウの木が城内に残っています。

ギンナンについては、「なぜ、臭いのか」との〝ふしぎ〟があります。この臭い成分は、「酪酸」と「ヘプタン酸（エナント酸）」という二つの物質によります。それぞれは、足の臭さや、腐ったものの匂いと表現される香りです。

この匂いは、イチョウにとっては、ギンナンが動物に食べてしまわれないことに役立っていると考えられています。ギンナンには、臭い部分に包まれて、硬い殻をもつ「核」があり、その中に「仁《じん》」とよばれる食用の部分があります。臭い部分が果肉で、それに包まれた硬い殻をもつものがタネと思われがちです。しかし、植物学的には、臭い部分を含めて、全体がイチョウのタネです。

「動物は、あの臭い匂いを避けて、ギンナンを食べないのか」が、あるテレビ番組で調べられました。その結果、「ニホンザル、タヌキ、ネズミは、あの匂いから逃げ、アライグマは食べた」といわれます。だから、多くの動物に対しては、臭い匂いがタネを守るのに効果があるのかもしれません。

なぜ、〝生きる化石〟といわれるのか？

〝生きる化石〟とか〝生きている化石〟といわれて、よく知られている植物があります。たとえば、一九四一年に、日本で、植物学者であった三木茂《みきしげる》博士が化石を発見したメタセコイアという樹木です。

この植物は、「絶滅した」と考えられていたのですが、一九四六年、中国の四川《しせん》省で生きている木が発見されました。そのため、「生きる化石」や「生きている化石」として有名になりました。

イチョウも、また、〝生きる化石〟といわれます。イチョウは、メタセコイアほど、めずらしい植物ではありません。では、「なぜ、この植物が〝生きる化石〟といわれるのか」との〝ふしぎ〟が浮上します。

イチョウは、化石の研究から、約一億年前の中生代に栄えていたことがわかりますが、新生代の氷河期には、絶滅したと考えられていました。ところが、江戸時代、長崎の出島に来たドイツ人の医師ケンペルがイチョウの木があることを発見しました。そのため、イチョウは氷河期を生き抜いた植物とされ、十九世紀、進化論で知られるチャールズ・ダーウィンによって、「生きている化石」とよばれたのです。

氷河期を生きのびたイチョウは、室町時代に、中国から日本に渡来したとされます。イチョウの木は、耐火性にすぐれているとされ、神社や寺院に〝火事よけ〟のために多く植えられてきました。

耐火性にすぐれている理由は、樹皮が厚いことや、葉っぱや枝に水分が多いことが考えられます。この性質を裏づけるように、「火伏せのイチョウ」や「水吹きイチョウ」とよばれる木があり、それに伴う言い伝えがあります。

京都市中京《なかぎょう》区の本能寺《ほんのうじ》には、「火伏せのイチョウ」とよばれる木が現存します。本能寺は、安土時代の武将、明智光秀《あけちみつひで》が天下統一を目指していた織田信長《おだのぶなが》を急襲したことで知られる寺院です。

一七八八年（天明《てんめい》八年）、京都の街に「天明の大火」がおこり、家屋三万七〇〇〇軒（一八万軒ともいわれる）が焼失したといわれます。このとき、イチョウに身を寄せた数十人の人々を大火から救ったと伝えられ、その木が「火伏せのイチョウ」とよばれます。

京都市下京《しもぎょう》区の浄土真宗本願寺派《じょうどしんしゅうほんがんじ》の本山である西本願寺《にしほんがんじ》に、京都市の天然記念物に指定された「逆さイチョウ」といわれるものがあります。この木は、樹齢約四〇〇年といわれ

寺院のイチョウの木（上・西本願寺〔写真提供・本願寺〕、下・浅草寺）

ますが、若いときから背丈が伸びないように剪定《せんてい》されていたようで、枝を横に張りめぐらしています。それが根を張っているような姿に見立てられ、「逆さイチョウ」とよばれます。

西本願寺は、「天明の大火」や、幕末の一八六四年に「元治《げんじ》の大火」の火災にあいます。そのとき、このイチョウから噴き出した水が、本堂を焼失から救ったと伝えられます。そのため、この木は、「水吹きイチョウ」ともよばれます。

東京都内では、最古の寺といわれる浅草寺《せんそうじ》にも、「水吹きイチョウ」とよばれる木があります。これは、一九二三年の関東大震災の折、本堂を焼失から救い、自らも、その後の戦災を潜《くぐ》り抜けてきました。

神木となっているイチョウが、耐火性だけでなく、別の意味で人気となっているものがあります。京都市中京区にある「御金《みかね》神社の大銀杏《おおいちょう》」です。この神社は、名前にちなみ、金運が上昇すると人気を高めているのです。

一年間を通して、この神社を訪れる人が多いのですが、樹齢約二〇〇年といわれる神木の大銀杏が黄金色に輝く一二月には、特に多くの参拝者があります。イチョウの黄葉が金運の象徴となり、多くの人が黄金色の落ち葉を持ち帰ります。

黄葉のしくみは？

イチョウは、緑の葉っぱが黄葉する植物の代表です。秋になると、イチョウの葉っぱはきれいに黄葉します。この黄葉の特徴は、場所によっても、年によっても、個々の木の色づきの美しさが違わないことです。

たとえば、「あそこのイチョウの木は、色づきがよい」とか「あそこのイチョウの木は、色づきがよくない」とかは、あまりいわれません。イチョウの黄葉については、場所によって、個々の木の色づきの美しさが見比べられることはないのです。

「あそこのイチョウの黄葉は美しい」といわれることはあります。しかし、これは、並木道にある個々の木の葉っぱの色づきがよいということではなく、黄葉したイチョウの木が集まっているので、並木道が美しく見えるということです。東京都の明治神宮外苑《がいえん》や大阪府の御堂筋の並木道のように、多くのイチョウの木が並んで黄葉しているのがきれいであるということです。

また、「今年のイチョウの木は、色づきが美しい」とか「去年に比べて今年はイチョウの木の色づきが、よくない」などといわれることもありません。イチョウの黄葉は、年によっても、違わないのです。

「なぜ、イチョウの葉っぱの色づき方は、場所ごとに、年ごとに、そんなに違わないのか」

との〝ふしぎ〟が浮上します。その〝ふしぎ〟の裏には、イチョウの黄葉の〝ひみつ〟のしくみがあります。

その〝ひみつ〟とは、「イチョウの葉っぱが黄色く色づくのは、秋に黄色い色素がわざわざつくられるのではない」ということです。では、「なぜ、緑の葉っぱが黄色になるのか」との疑問が浮かびます。

秋に葉っぱが黄色くなるのは、黄色い色素が新しくつくられるのではなく、すでにつくられて隠れていたものが姿を見せるためです。それを知ると、「黄色い色素は、どこに隠れていたのか」との疑問がおこります。

それは、葉っぱの緑色の下にまぎれていたのです。夏に葉っぱが緑色のときにすでに黄色い色素がつくられており、この色素の黄色は葉っぱの緑色の色素で隠されているのです。葉っぱの緑色の色素は「クロロフィル」、黄色の色素は「カロテノイド」という名前です。緑色のクロロフィルは、光合成に必要な光を吸収する主な色素です。カロテノイドも光を吸収し、その光も光合成に使われます。

クロロフィルは、春からずっと緑色の葉っぱの中で、主役を務めます。葉っぱの緑色が濃いときには、黄色い色素は緑色の陰に隠されて目立ちません。濃い緑色が黄色の色素の色を隠しているというのが、〝ひみつ〟のしくみの前半部分なのです。

〝ひみつ〟のしくみの後半部分は、隠れていた黄色の色素が秋に目立ってくることです。温度がだんだん低くなると、緑色の色素が分解されて葉っぱから消えていきます。そのため、隠れていた黄色い色素がだんだん目立ってきて、葉っぱは黄色くなります。

年によって、温度が低くなる具合は違います。秋の温度の低下が早かったり遅かったりすれば、緑の色素の減り方も早かったり遅かったりします。そのため、イチョウの黄葉は年ごとに早かったり遅かったりするのです。

しかし、冬が近づき温度が下がれば、緑色の色素は完全になくなります。ですから、隠れていた黄色の色素が目立ってきて、必ず同じような黄色になります。ということは、イチョウの黄葉には、年ごとに、場所ごとに、あまり変化がないということです。

このしくみは、イチョウの葉っぱは、自分の生涯の終わりに際し、春から夏にかけて主役を務めてきた緑の色素に代わり、ずっと陰でその色素の働きを支えてきた黄色の色素に主役を譲るというものです。イチョウの葉っぱが、このように洒落《しゃれ》た気配りの〝ひみつ〟をもっていることに〝すごい〟と感服せざるを得ません。

「何のために、イチョウの葉っぱが黄色になるのか」と不思議がられます。残念ながら、明確な理由はわかっていません。でも、黄色い色素はカロテノイドです。これには、太陽の光に含まれる紫外線の害を防ぐ働きがあります。ですから、この色素に考えられる役割があります。

イチョウの木のあちこちに、小さな芽があります。これらは、翌年の春には、葉っぱを展開するものです。イチョウの木にとっては、次の世代を背負っていく大切なものです。秋の日差しにはまだ多くの紫外線が含まれていますから、これらの芽は、紫外線から守られなければなりません。黄葉の葉っぱの色素は、日差しが弱くなる冬までの一時期、紫外線を吸収して、次の年の春に活躍する芽が傷つけられることから守っているのです。冬が近づき、日差しが弱くなると、黄葉は役目を終えて散るのです。

イチョウの黄葉に対して、葉っぱが赤く色づく紅葉は、同じ季節の現象ですが、そのしくみは異なります。紅葉する植物の代表は、カエデやナナカマドなどです。これらの紅葉は、「今年の色づきはきれい」とか「昨年は色づきがよくなかった」など、例年と比較されます。年によって、紅葉の色づきが異なるからです。

あるいは、「あそこのカエデがきれい」とか「あそこのカエデは、色づきがよくない」のように、場所による色づきの違いがいわれます。紅葉の名所といわれるところも、場所によって、色づきに違いがあります。

紅葉は、黄葉とは異なり、年によっても、場所によっても、色づきが異なるのです。「なぜ、そんなに異なっているのだろうか」との〝ふしぎ〟が感じられます。それは、紅葉には、黄葉とは異なる、色づくための〝ひみつ〟があるからです。

カエデやナナカマドの葉っぱは、緑色のときに、赤い色素をもっていません。ですから、赤色になるためには、葉っぱの緑色の色素であるクロロフィルがなくなるにつれて、「アントシアニン」という赤い色素が新たにつくられなければなりません。

アントシアニンがきれいにつくられるためには、三つの大切な条件があります。一つ目は、昼が暖かいことです。二つ目は、夜に冷えることです。三つ目は、紫外線を多く含む太陽の光が強く当たることです。これらの三つの条件がそろったとき、赤い色素であるアントシアニンが葉っぱの中で多くつくられます。

年によって、昼の暖かさと夜の冷えこみ具合は異なります。そのため、年ごとに、色づきが「よい」とか「よくない」ということがおこります。また、場所によっても、昼と夜の寒暖の差は異なります。太陽の光の当たり方は、場所によって異なります。そのため、紫外線の当たり具合も、場所によって違うのです。

さらに、赤い色素をつくりだす反応は、葉っぱがカラカラに乾燥した状態では進みません。水分が保持されていなければなりません。ですから、紅葉には、湿度の高い場所が適しています。また、紅葉したあとも、湿度の高いほうが、美しい状態が長く保たれます。

そのため、紅葉の名所というと、高い山の中腹の、太陽の光がよく当たる斜面が多くなります。高い山では、空気が澄んでおり、紫外線が多く当たります。斜面には、昼間は太陽の光がよく当たり、高い山ですから、夜は冷えます。しかも、山の斜面の下には、川が流れており、朝には霧がかかるほど、湿度が高くなります。高い山の斜面には、美しく紅葉する条件がよくそろっているのです。

「何のために、カエデやナナカマドなどが紅色になるのか」と不思議がられます。紅色の色素はアントシアニンです。これは、黄葉の色素である黄色のカロテノイドと同じように、太陽の光に含まれる紫外線の害を防ぐ物質です。ですから、この色素には、イチョウの黄葉と同じ役割が考えられます。

カエデやナナカマドなどの木のあちこちにある、次の年の春に芽吹き、次の世代を生きる、小さな芽を、紅葉の赤い色素であるアントシアニンは、日差しが弱くなる冬まで、紫外線の害から守っているのです。そのため、紫外線が強く当たる場所では、アントシアニンがたくさんつくられて、紅葉が美しくなるのです。

なぜ、雄株、雌株に分かれているのか？

植物にはオスとメスの区別がないように見えます。アブラナやタンポポ、アジサイやヒマワリなど、身近な植物たちの多くに、オスとメスの区別はありません。しかし、植物にもオスとメスの個体が別々のものがあるのです。

　植物の場合、オスとメスという語を使わず、オスを雄株《おかぶ》、メスを雌株《めかぶ》といいます。雄株は「メシベのないオシベだけの雄花」を咲かせ、雌株は「オシベのないメシベだけの雌花」を咲かせます。雌株と雄株は、動物にたとえれば、それぞれ、メスとオスに相当するものです。

　イチョウでは、ギンナンをつくる雌株と、ギンナンをつくることができない雄株とが、別々の株になっています。イチョウの木は、動物と同じように、オスとメスの個体が別々なのです。

　多くの植物の花の中には、オシベとメシベの両方があります。そして、オシベの花粉がメシベにつけばタネができることはよく知られています。ですから、自分の花粉を同じ花の中にある自分のメシベにつけてタネ（子孫）をつくれば、容易にタネをつくることができると思われます。

　それに対し、イチョウのように雄株と雌株に分かれていると、「タネは片方にしかできない」ことや「雄花の花粉が、離れて存在する株の雌花のメシベと出会わないとタネができない」ことなどの不都合が考えられます。「オシベとメシベが一つの花の中にあればそんな不都合はないのに、なぜ、そんなに不便な方法をとるのか」という〝ふしぎ〟が生まれます。

　ところが、オシベとメシベの両方をもつ多くの植物でも、自分の花粉を同じ花の中にある自分のメシベにつけるという方法で、タネ（子孫）をつくることを望んでいません。そのようにしてタネをつくっても、自分と同じような性質の子どもができるだけだからです。たとえば「ある病気に弱い」という性質をもっていたら、子どもたちのすべてがその病気に弱いという性質になります。もしその病気が流行ったら、一族郎党が全滅します。

また、自分の花粉を同じ花の中にある自分のメシベにつけてタネをつくれば、隠れていた悪い性質が発現することがあります。たとえば、ふつうに花粉をつくる親であっても、「花粉をつくることができない」という性質を隠しもっていることがあります。その場合には、この親が自分の花粉を自分のメシベにつけて子どもをつくると、子どもには「花粉をつくることができない」という性質が発現してくることがあります。ですから、多くの植物は、自分の花粉を自分のメシベにつけてタネをつくりたくないのです。

生き物がオスとメスに分かれた生殖をすることとの意義は、個体数を増やすことだけではありません。オスの個体とメスの個体が合体することで、オスの個体のもつ性質とメスの個体のもつ性質が混ぜ合わされ、いろいろな性質の個体（子孫）をつくることが大切なのです。

これは、オスとメスという性が関与する生殖という意味で、「有性生殖」といわれます。いろいろな性質の個体がいると、さまざまな環境の中で、どれかの個体が生き残り、その生物は子孫を存続させていくことができます。

イチョウのように雄株と雌株が別々の植物は、雌株と雄株が異なった株であるという意味で、「雌雄異株《しゆういしゅ》」といわれます。雌雄異株の植物では、雄株の花粉が雌株のメシベにつくことでタネができます。

ですから、雄株の個体のもつ性質と雌株の個体のもつ性質が混ぜ合わされて、いろいろな性質の子どもが生まれます。「雌と雄の個体が分かれている植物たちは、有性生殖の意義をよくわきまえた植物である」といえます。

雄株、雌株の区別はつくのか？

大阪市の御堂筋のイチョウ並木では、イチョウの雌株にギンナンがなります。この並木道が完成したのは一九三七年で、雄株と雌株は約四〇〇本ずつありました。近隣の人たちは、秋のギンナンの収穫を楽しみにしてこられたはずです。

ところが、市販されることが多くなってきたからでしょうか、ギンナンを拾う人が少なくなりました。その上、自動車が増えて拾い集めにくくなり、道路に落ちたギンナンが拾われることが減ってきました。

とうとう、一九八〇年代になると、この並木の管理当局に苦情が多く寄せられるようになってきました。「車が道路に落ちたギンナンを踏むので、道が臭く汚くなる」というもので

御堂筋のイチョウ並木

した。

御堂筋は、多くの人が散策する並木道でもあります。そのため、その苦情を放置することはできません。そこで、管理当局は、枯れたり倒れたりしたイチョウの木を植えかえる場合、ギンナンのならない雄株だけを植えることにしています。

二〇一七年には、並木道が完成してから八〇年を迎え、本数は九七二本に増えていました。雌株に代えて雄株を植えてきた結果、当初はほぼ同数だったのですが、雌株は二五六本に減っており、雄株が七一六本に増えています。

「『ギンナンのならない雄株だけを植えている』というなら、どのように、雌株と雄株は判別されているのか」という〝ふしぎ〟が生じます。「雄株と雌株を見分けるための〝ひみつ〟

があるのではないか」と、勘ぐられます。

御堂筋だけでなく、イチョウでは、雌株と雄株を判別して植えなければならないことがあります。それは、ギンナンの収穫を目的としてイチョウを栽培する場合です。

ギンナンは、秋の味覚の代表です。あるアンケート調査では、「秋の味覚で思い浮かぶのは、何ですか」の質問に、「サンマ、クリ、マツタケ」がベスト・スリーでした。でも、「秋の味覚で食べるのは、何ですか」の質問には、「サンマ、クリ、ギンナン」がベスト・スリーでした。手に入れることがむずかしいマツタケに代わって、ギンナンが庶民的な秋の味覚になっているのです。

ただ、ギンナンは、「子どもには、年齢の数以上の個数を食べさせてはいけない」といわれます。「ギンゴトキシン」という有毒な物質が含まれているからです。個人差があり、「六歳だからといって、五個は食べても大丈夫」というものではありません。大人には解毒する能力があるのですが、「大人でも一度に二〇個以上は食べないように」といわれます。

このようにギンナンには秋の味覚としての需要があるため、雌株を選んで植える必要があります。

それなら、やっぱり、「イチョウでは、雄株、雌株を判別する方法があるのだろうか」との〝ふしぎ〟が浮かびます。「実際には、どのように雌株と雄株は判別されて植栽されているのか」との疑問が残ります。

イチョウの雄株と雌株は、木の姿や枝の張り方、葉っぱの形などの違いがあるといわれます。しかし、それらはあまり根拠のない俗説で、これらを観察しても正しく判別できません。

「雄株だけを植えているというのなら、どのようにして、雄株が選ばれているのか」という、もっともな疑問には、二つの答えが考えられます。一つは、花が咲くまで待ち、ギンナンができるかできないかを判別することです。これならば確実に、雄株を選ぶことができます。

ところが、タネが発芽してからギンナンがなるまでには、長い年数がかかります。「モモ、クリ三年、カキ八年」ですが、「イチョウは、発芽してからギンナンを実らせるのに二〇〜三〇年かかる」といわれます。これでは、長くかかりすぎます。

こんなに長く待たなくても、雄株を確実に手に入れる方法がもう一つあります。それは、「接《つ》ぎ木」という技術を使うことです。接ぎ木は、根を生やして育っている植物の茎や幹の上部を切り落とし、その切断面に割れ目を入れて「台木《だいぎ》」とします。その台木の割れ目に、育てたい植物の芽をもつ茎や枝を挿し込んで癒着させ、二本の植物を一本につなげてしまう技術です。

挿し込む茎や枝は、「穂木《ほぎ》」といわれます。若い苗木を台木として、雄株とわかっている木の枝を穂木として接ぎ木するのです。そうすれば確実に、雄株を育てることができます。

雌株とわかっている木の枝を接ぎ木すれば、ギンナンをつくってくれる雌株を育てることができます。

台木は、雄株でも雌株でもいいのです。雄株の枝を穂木として接ぎ木すると、接ぎ木で育ってくる木は、たとえ台木が雌株であっても、接ぎ木をした部分より上は雄株ですから、雄株の木になります。また、台木が雄株であっても、雌株を接ぎ木すれば、雌株の木になります。

結局、確実に雄株を植える方法は、二つあります。発芽から二〇~三〇年を経て花が咲いてから雄株と確認して植えるか、雄株の枝を接ぎ木した木を植えるかです。もう一つ、雄株の枝を「挿《さ》し木」する方法も考えられなくはありません。

挿し木は、植物の枝や茎を切り取り、砂や土に挿しておくだけです。やがて、根が生え、芽が伸びて、一本の植物が育ってきます。しかし、成功する確率がそれほど高くないことや、成長するのに時間がかかるので、あまり一般的な方法ではありません。

「御堂筋での植えかえのときには、どの方法で得られた雄株が使われるのか」に興味がわきます。そこで、管理当局に聞いてみました。その答えは、「業者の方に、『雄株を植えてください』と注文するだけで、どちらの方法が使われているかは、当局にはわからない」ということでした。

イチョウは、単子葉植物か、双子葉植物か？

多くの植物では、タネが発芽したときにはじめて出てくる葉っぱは、「子葉《しよう》」とよばれます。二枚の子葉を出すものは、ふた葉になっているので、「双子葉植物《そうしようしよくぶつ》」といわれます。アサガオやヒマワリ、ダイズやダイコンなどが、その例です。

一方、一枚の子葉を出す植物もあります。イネやユリ、ススキやトウモロコシ、サトウキビなどが、代表的な植物です。これらは、子葉がふた葉の双子葉植物に対し、「単子葉植《たんしよう》物」といわれます。

では、「イチョウは、双子葉植物か、単子葉植物か」という疑問が浮かびます。イチョウのタネが発芽すると、二つに裂けている葉っぱが出てきます。この姿からは、「もともと二枚であった葉っぱが、くっついて一枚になっている」という可能性が考えられます。とすれば、「双子葉植物である」との答えが浮かびます。一方、一枚の葉っぱが浅く裂けているだけとも考えられます。そうならば、「裂けていても一枚の葉っぱだから、単子葉植物である」という答えもあるでしょう。

双子葉植物と単子葉植物の違いは、子葉の枚数だけでなく、葉っぱに見られる筋のような葉脈の張り方にもあります。双子葉植物の葉脈は網目状ですが、単子葉植物の葉脈は平行に走っています。イチョウの葉っぱの葉脈は縦に走っています。そのため、イチョウは単子葉植物であるかのように思われます。

ところが、意外にも、イチョウは双子葉植物でも単子葉植物でもないのです。その理由は、植物の分け方に起因します。花を咲かせてタネをつくる植物は、種子植物とよばれます。種子植物は、裸子植物と被子植物の二つのグループに大きく分けられます。

被子植物は、花のメシベの基部に「子房」という部分をもち、子房で包み込むようにタネをつくります。キクやバラなど、多くのきれいな花を咲かせる植物や、イネやムギなどのイネ科の植物が、被子植物です。

それに対し、裸子植物は、子房をもたないため、タネを裸の状態で露出してつくります。裸子植物の仲間には、イチョウやソテツ、スギやモミ、ヒノキやメタセコイアなどがあります。

実は、双子葉植物と単子葉植物に分けられるのは、被子植物に限られるのです。裸子植物は、双子葉植物と単子葉植物に分けられません。そのため、裸子植物であるイチョウは、双子葉植物でも単子葉植物でもないのです。

ちなみに、「双子葉植物か、単子葉植物か」でよく悩まされる植物にマツがあります。マツの葉の葉脈は、縦に平行に走っています。そのため、単子葉植物と思われることが多いのですが、マツは単子葉植物ではありません。マツも、イチョウと同じ裸子植物ですから、単子葉植物でも双子葉植物でもないのです。

なぜ、幹の低いところから突然、芽が生まれてくるのか?

数十年の樹齢を重ねたイチョウの木は、高い背丈に伸びています。横に並んで立つと、私たちの目線は幹の低いところにあり、枝や葉っぱに手の届かないことが多くあります。そのようなイチョウの幹は、ぶあつい樹皮で覆われており、幹が風雪に耐えてきた年齢を感じさせます。

しかし、そのような幹の低いところから、春に突然、若い芽が出て新緑の若葉が展開してくることがあります。「なぜ、このような歳を重ねた幹の部分から、突然、若い芽が生み出されてくるのか」との〝ふしぎ〟が感じられます。

幹は、細胞でつくられています。これは、幹だけではなく、葉っぱや茎、根などの植物のからだはすべて、細胞からできているのです。これは、現在では「細胞説」とよばれている考え方です。この考え方は、一六六五年、イギリスの物理学者ロバート・フックの観察がきっかけとなりました。

彼は、自作したといわれている顕微鏡で、うすく切ったコルクを観察しました。コルクと

古い幹から出た芽

いうのは、ワイン瓶の栓に使われているもので、コルクガシという木の樹皮でできています。材質が軽くてやわらかく、弾力があるものです。

彼は、コルクが、ハチの巣のように、中が空洞になっている多くの小さな部屋からできていることを発見しました。この小さな部屋のようなものは「セル（cell）」と名づけられました。日本語では、「細胞」といわれます。

フックが観察したのは、中身がなくなった、死んだ細胞でした。そのため、空洞に見えたのです。細胞を取り囲んで存在する壁のような「細胞壁」とよばれるものだけが残っていたのです。

フックがこの名前をつけてから約一七〇年後の一八三八年、ドイツの植物学者シュライデンは、「植物のからだは、細胞からできている」と唱えました。その次の年、シュライデンの友人でありドイツの動物学者シュワンは、「動物のからだも、細胞からできている」と提唱しました。

この二人の考えがもとになって、「細胞が、植物や動物のからだをつくる基本単位である」という細胞説が確立されました。その後、「すべての細胞は、細胞から生じる」という考えが、ドイツの病理学者であるフィルヒョーにより細胞説に加えられています。

植物のからだも動物のからだも、すべて細胞からできています。私たち人間のからだは、「約六〇兆個の細胞からできている」といわれてきました。しかし、二〇一三年一一月に、「人間のからだは、約三七兆二〇〇〇億個の細胞からできている」という論文が発表されました。その数字を受けて、その後は「人間のからだは、約三七兆個の細胞からできている」といわれることが多くなっています。

これらのすべての細胞は、同じ遺伝子をもっています。遺伝子は、細胞の形や性質、働きなどを支配します。ですから、「すべての細胞が同じ遺伝子をもっているのなら、すべての細胞の形や性質、働きなどが同じになるのではないか」との疑問が浮かびます。

しかし、細胞の形や性質、働きは、その細胞の位置する場所により、かなり異なります。それぞれの細胞は、からだの一部分を構成し、その置かれた場にふさわしい形や性質、働きをしているのです。

それゆえ、人間なら、皮膚の細胞と心臓の細胞では、形や性質、働きが違います。植物なら、葉っぱと根の細胞では、形や性質、働きが異なります。すべての細胞は同じ遺伝子をもっているのですが、はたらいている遺伝子は細胞が置かれている場で異なるからです。

ただ、どの場に置かれている細胞であっても、それぞれの細胞は、〝ひみつ〟の力をもっています。「一つの細胞は、どんな形や働きをしていても、一つの完全な個体をつくる」という能力をもっているのです。その能力は、「分化全能性」といわれます。ということは、植物のたった一個の細胞からでも、植物のからだは再びつくりあげられるということなのです。

植物の細胞が、この能力をもつことは、一九五八年、イギリス生まれのアメリカの植物生理学者であるスチュワードらにより示されています。彼は、ニンジンの食用部を使って、細胞のもつこの能力を実証しました。

ニンジンの食用部である根の部分も細胞からできています。このニンジンの根から一個の細胞を取り出し、適切な人工的な条件で育てます。すると、根の特徴を失った細胞が増殖し、細胞のかたまりになります。

この細胞のかたまりは、「カルス」とよばれます。これは、根の一部になっていた細胞が、根の一部になる前の状態に戻ったものです。だから、根の特徴は消失しています。このカルスを適当な条件で育てると、カルスから、根や茎、葉っぱなどがつくられてきて、やがて、完全なニンジンの植物体ができあがります。

実際に、植物の細胞がこのような能力をもっていることは、挿し木で見ることができます。植物から切り取った茎や枝を、砂や土に挿しておくだけで、茎や枝の切り口から根が出て、芽が生えてきて、一本の植物が育ってきます。

切り花や切り枝を水に挿しておくと、茎や枝の切り口から根が出てきます。この現象は、見慣れていてそんなにめずらしくないので、感激は少ないかもしれません。しかし、切り取られた茎や枝が、根というまったく別のはたらきをもつものを生みだしているのです。

「なぜ、芽が突然に幹からつくりだされてくるのか」との冒頭の疑問に対する答えは、幹を構成する細胞に、分化全能性があるからです。その性質に基づいて、新しい芽が生み出されたということです。

第一〇話

バナナの“ひみつ”

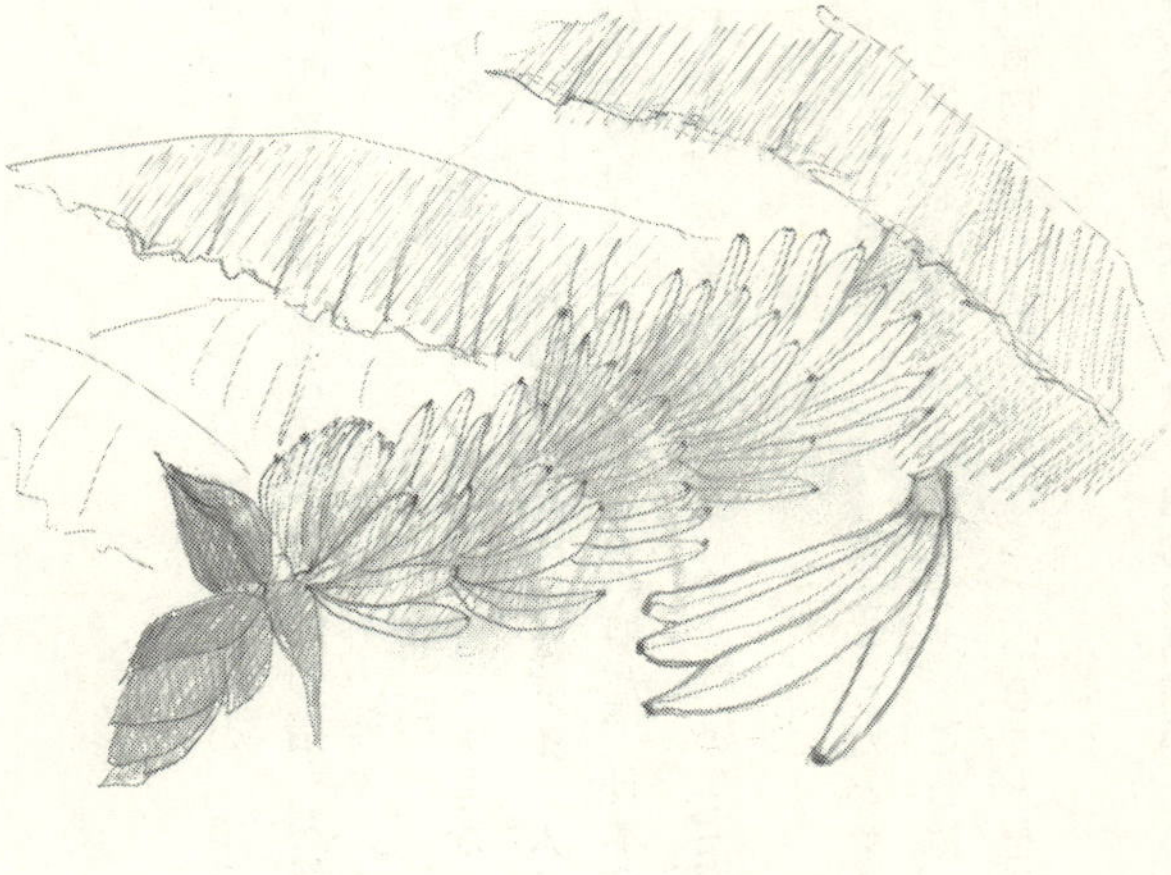

織田信長も食べた？

バナナの語源は、果実の形から「指」とされています。アラビア語の「手足の指」を意味する「バナーン（banan）」、あるいは、西アフリカの言語で「複数の指」を意味する「バネマ（banema）」に由来するといわれます。

バナナは、東南アジア原産のバショウ科の植物です。バショウは、大きな葉っぱが展開する、バナナの姿と似ている植物です。江戸時代に長崎の出島にいたドイツ人の医師シーボルトが外国に紹介したので、バショウの英語名は、「バナナとよく似た、日本の植物」という意味で、「ジャパニーズ・バナナ」といわれ、学名は、「ムサ・バショウ（*Musa basjoo*）」です。「ムサ」はバショウ属であることを示します。

バナナの学名は、「ムサ・エスピーピー（*Musa spp.*）」です。「ムサ」はバナナの属名ですが、「エスピーピー（*spp.*）」は、何なのか」との〝ふしぎ〟がもたれます。これは、バナナという植物名が、バショウ属の複数の種類の植物を含んだ総称となっていることを意味するものです。

バナナというのは植物名ですが、野菜や果物などでは、植物の名前がそのまま食用部の名前として使われます。たとえば、カキやモモ、リンゴやブドウなどは植物名ですが、果実の名前にもそのまま使われます。ニンジンやダイコンなども植物名ですが、食用部にも、その名前が使われます。

バナナも植物の名前ですが、その果実もわざわざ「バナナの果実」とはいわれず、単に「バナナ」とよばれます。この第一〇話「バナナの〝ひみつ〟」でも、その使い方がされることがあるので、お含みください。

バナナが日本に正式に入ってきたのは、明治時代とされます。でも、それ以前にも入っていたと思われます。真偽は不明ですが、日本人で最初にバナナを食べたのは、戦国時代の武将であった織田信長といわれるからです。ポルトガル人の宣教師であったルイス・フロイスが献上したとされています。

二〇〇一年には、日本バナナ輸入組合が、「バナナの日」を定めました。語呂《ごろ》合わせから、「八《バ》月七《ナナ》日」となっています。「暑い夏を、健康によいバナナを食べて乗り切ってほしい」との思いがこめられているそうです。

人気の秘密は？

バナナが人気の高い果物である秘密は、タネがないので食べやすいことから、容易に理解されます。しかし、それだけではありません。漫画家の東海林《しょうじ》さだおさんが、『鯛ヤキの丸かじり』(文春文庫)という著書の中で、「バナナの気配り」として、その人気の秘密の一部を紹介しています。東海林さんの意に正確かどうかわかりませんが、私が理解したようにそれらをまとめると、次のようになります。

リンゴの皮をむく場合と比べて、バナナの皮は、刃物を使わなくても容易にむけます。皮をむきはじめると、皮と果肉の境目がはっきりしているので、皮を引っぱりさえすれば、スムーズにむけます。

バナナの果実を食べるときには、皮をむいて残った部分を手でもつことができます。また、果実がゆるやかな反り返りをしており、それがちょうど口に入りやすい角度になっています。それだけでなく、果実の太さが開く口の大きさにぴったり合っているので、果肉を切り刻む必要もなく、手にもってそのまま口に入れることができます。しかも、果肉は、口に入れてみると、甘くてやわらかくて、嚙《か》みやすくなっています。

このように紹介されると、バナナの気配りの〝ひみつは、すごい！〟と納得させられますが、それに気づく東海林さんの感性にも、〝すごい！〟と感服せざるを得ません。東海林さんにならえば、バナナの果物としてのすぐれた特性をまだあげることができます。

一本の果実の先端は、バナナの一本を指に見立てて、「フィンガーチップ(指の先端)」とよばれますが、その反対側の基部には、短い柄がついています。この柄は、皮をむこうとするとき、「ここを折って、むきはじめなさい」と教えてくれています。これも、バナナの気配りでしょう。

バナナと同じように、果肉が甘くてやわらかく、嚙みやすい果物は、モモやメロン、スイカなどがあります。でも、これらを食べるときには、果汁がポトポトと落ちます。それに対し、バナナの果肉には、したたり落ちる果汁はありません。そのため、バナナは口や手をベタベタと濡《ぬ》らすことなく、好みの大きさに手や口で切り取って食べることができます。これも、バナナの気配りといえるでしょう。

バナナは、食べやすいだけでなく、栄養的に高い価値をもっています。バナナは、ジャガイモとともに、「カリウムの王様」とよばれています。カリウムには利尿効果があるので、排尿が促され体温が下がるので、暑い夏にふさわしい果物といえます。また、カリウムは余分な塩分の排出を促し、血圧を下げることが知られています。だから、バナナは健康によいのです。

バナナの果肉には、食物繊維が豊富に含まれています。この物質は、胃や腸で吸収されずに腸内で水を吸って移動します。そのため、この物質は、腸をきれいにし、排便を促し、腸内の不要な物質を便として排出します。

また、バナナの果肉は甘いのですが、甘すぎることはありません。そのため、カロリーも多くありません。ごはん一膳《ぜん》が約二五〇キロカロリーであるのに対して、食べる部分が一〇〇グラムのバナナ一本で、八六キロカロリーです。これで、十分に食《た》べ応《ごた》えがあり、空腹はかなり満たされます。そのため、バナナを食べていると、カロリーのとりすぎが防げます。

バナナは、人気だけでなく、栄養的な価値も備えた果物なのです。「果物の王様」といわれるのは、世界的には、独特の匂いで知られるドリアンです。しかし、私たちはドリアンにあまりなじみがありません。そのため、日本では、「果物の王様」という呼び名は、人気と栄養をあわせもつバナナにふさわしいと思われているのでしょう。

果実が、肥大し、成熟するしくみは？

バナナは、スーパーマーケットや果物屋さんで売られているものを見るとわかるように、何本かの果実が集まって房状になっており、一本一本の果実は、反るように曲がっています。

バナナが株に実っているとき、「曲がっている果実の先端が上を向いているのか、下を向いているのか」が〝ふしぎ〟に思われます。

バナナの花が咲いたあとにつくられてくる果実は、下向きになっています。これに、デンプンやタンパク質、ビタミンやミネラルなどが含まれて、果実が肥大してくるにつれて、先端が上を向き、果実は反り返るように上向きになります。

次には、「なぜ、上を向くのか」という疑問が続きます。この疑問には、二つの意味があります。一つは、「上を向いていると、何かいいことがあるのか」であり、もう一つは、「必ず上を向くということなら、どのようにして、上と下を見分けているのか」という疑問です。

残念ながら、「上を向いていると、バナナにとって、何かいいことがあるのか」については、想像してみるしかありません。

房状に実るバナナ

市販されるバナナには、タネはありません。でも本来は、バナナもタネをつくるし、現在でも、タネをもつバナナはあります。それらは、果実をつくり、動物に食べられることで、タネをまき散らしてもらおうとします。生育する範囲を広げることができるからです。

そのために、バナナの果実は、成熟してくると、反り返って、動物に「食べてもいいよ」というサインを送っているのかもしれません。

「どのようにして、バナナが上と下を見分けているのか」については、重力に反応しており、上向きになるのは、重力のはたらく方向と反対に反り返る性質に基づくと考えられます。

「植物は重力を感じるのか」との疑問があるかもしれませんが、植物が上を目指す多くの現象は、重力を感じることでおこっています。植物は、重力を感じて、それに反応する性質をもっているのです。

たとえば、タネが発芽すると、芽生えの芽は必ず上に向かって伸びます。この現象は、「光が上から来るから、光を求めて上に伸びる」と思われることがあります。しかし、そうではありません。

真っ暗な中で育つ芽生えの芽も、上に伸びます。モヤシなどがその例です。芽生えが上に伸びるのは、重力に対する反応なのです。芽生えには、光があれば、光の方向に向かって伸びる性質がありますが、重力に反応して、その反対の方向に伸びる性質もあります。ですから、真っ暗な中でも、芽生えは上に伸びるのです。

ただ、バナナの果実の先端が重力に反応して上に反り返るということを証明した実験は、私が知る限りありません。重力のない宇宙空間でバナナを実らせることができれば、証明することもできるのですが、まだまだ遠い先の話でしょう。

バナナの果実の皮をむくと、果肉を取り囲むように、白い筋があります。「これは、何なのか」という〝ふしぎ〟が感じられます。これは、何の役割も果たしていないように思われますが、バナナの果実を肥大させるのに、大切なのです。

太い筋が、長い果実に沿って縦に走り、横方向の細い筋でつながって、果実全体に存在します。「白い筋には、栄養が詰まっている」と表現されることがあります。これらの白い筋は、バナナの果実が肥大するための、〝ひみつ〟の役割を担っているのです。

果実には、デンプンやタンパク質、ビタミンやミネラルなどが含まれています。これらの栄養成分は、葉っぱや根から送られてきたものです。それらの物質が運ばれてくる通路が、この白い筋なのです。そのため、栄養が詰め込まれているわけではありませんが、「栄養が詰まっている」という表現は、誤りではありません。

同じような白い筋は、温州《うんしゅう》ミカンにも見られます。ミカンの皮をむくと、約一〇個の袋が並んでいますが、白い筋がそのまわりを網目状に取り囲んでいます。これが、ミカンの果実に栄養を送り込んでくる通路なのです。

バナナは緑色の未熟な状態で収穫されますが、これが成熟して黄色くなるのには、エチレンという物質がはたらいています。エチレンは、「果実の成熟ホルモン」とよばれる物質で、バナナ以外にも、リンゴやキウイフルーツなど、多くの果実の成熟を促します。

きれいな黄色のバナナがさらに成熟すると、果皮に特徴的な褐色の斑点《はんてん》が現れてきます。これが出てくると、「食べごろの甘みになっている」ということから、「甘みの目安となる斑点」という意味で、「シュガー・スポット」とよばれます。「シュガー」は砂糖などの糖を示し、「スポット」は点や斑点を意味します。

この斑点は、果皮に含まれるポリフェノールという物質が、空気中の酸素と反応して、褐色の物質に変化したものです。果実の中の甘みや栄養成分の量と直接に関係はありませんが、果実が成熟すると、これが多く出てきます。

「一本の皮つきバナナは折って二つに割ることができるか」との疑問がもたれることがあります。バナナの皮はやわらかい印象があるので、「素手で二つに折って割ることはできない」と思われがちです。でも、二つに折れるのです。特に、シュガー・スポットが現れる前のバナナでは、両手でバナナの両端を握って折ると、意外ときれいに、二つに割ることができます。

バナナは、草になる果物か?

果物というのは、果樹とよばれる木になる果実です。ですから、もし食べるバナナが果物なら、「バナナという植物は木である」ということになります。ところが、「バナナは、木ではなく、草になる果物である」ともいわれることがあります。「バナナという植物は、木なのか、草なのか」との〝ふしぎ〟が浮上します。

この〝ふしぎ〟に隠されている〝ひみつ〟は、農林水産省のホームページにあります。果樹について、「概《おお》ね二年以上栽培する草本植物及び木本《もくほん》植物であって、果実を食用とするものを『果樹』として取り扱っています」と書かれています。

「果樹は、木であり、木本植物である」と思われますが、農林水産省の記述によると、概ね二年以上栽培する草本植物も果樹とみなされますから、その果実は草本植物になる「果物」ということになります。すなわち、「草になる果物」ということになります。

さて、バナナですが、株は内部に木質とよばれる幹をもたず、果実を実らせたあとは枯れてしまうために、草本植物です。「バナナは、草である」といわれることがありますが、植物学的には、それは正しいのです。

ところが、その果実は果物として利用されています。そして、果実をつけた株の根元から生えてくる芽生えが、ふつうは数年間栽培されて果実をつくります。ですから、農林水産省の「概ね二年以上栽培する草本植物も、果樹として取り扱う」という果樹の定義に当てはまります。そのため、私たちの食べるバナナは、果物とされているのです。ですから、「バナナは、草になる果物」は正しいのです。

ちなみに、パイナップルも、植物学的には草です。パイナップルは、苗を植えてから、早くても二年間、遅ければ三～四年間、栽培されなければ、花を咲かせ実をつけません。そのあと、実をつけた茎は枯れてしまいます。しかし、果実は食用として利用されているので、農林水産省の「概ね二年以上栽培する草本植物も、果樹として取り扱う」という果樹の定義に当てはまり、バナナと同じように、その果実は果物とされています。

多くの人が「イチゴ、スイカ、メロンは、果物ではないのか」との疑問を抱きますが、農林水産省のホームページによる定義では、これらは、ふつうには、二年以上栽培する植物ではないので、「イチゴ、スイカ、メロンは、果物ではない」となります。

「では、これらは、野菜なのか」との疑問に満ちた〝ふしぎ〟が浮上します。この〝ふしぎ〟に対する〝ひみつ〟の答えは、農林水産省ホームページの別のところにあります。

そこでは、次の四つの特性をもつ植物を「野菜」としています。「田畑に栽培されること」、「副食物であること」、「加工を前提としないこと」、「草本性であること」です。ダイコンやハクサイ、キャベツなどは、この条件に当てはまり、野菜となります。

イチゴ、スイカ、メロンは、この四つの条件にそのまま、当てはまります。ですから、このままだと、これらは野菜となります。しかし、農林水産省も、「いちご、メロン、すいかなどは野菜に分類されますが、果実的な利用をすることから果実的野菜として扱っています」と付け加えています。

これは、イチゴやメロン、スイカは、果物屋さんで売られており、果物として流通していることや、食品の栄養成分を記載している『七訂食品成分表』（女子栄養大学出版部）でも、これらが、野菜ではなく、果物として扱われていることに配慮しているものと思われます。

バナナの皮は、ほんとうに滑りやすいのか？

「バナナの皮を踏むと、よく滑る」といわれます。しかし、「ほんとうに、バナナの皮は滑りやすいのか」と問われると、ちょっとためらわれ、〝ふしぎ〟に思われます。でも、その〝ふしぎ〟は、科学的に解かれています。

二〇一四年、イグ・ノーベル物理学賞に、この〝ふしぎ〟を研究した日本人が選ばれました。イグ・ノーベル賞は、「ユーモアにあふれ、考えさせられる独創的な研究」に与えられるものです。この賞は、一九九一年にアメリカで創設されたもので、「イグ」は反対を意味し、「裏のノーベル賞」といわれることもあります。

日本人は、二〇〇七年から二〇一七年まで一一年連続で、この賞を受賞しています。たとえば、植物に関するものなら、二〇一三年に、タマネギがつくる催涙成分に関する研究で、日本人がイグ・ノーベル化学賞を受賞しています。

二〇一四年に受賞した研究は、バナナの皮を踏んだときの滑りやすさを証明したものでした。受賞者は、バナナの皮がほんとうに滑りやすいことを証明するための実験を行いました。バナナの皮の内側を下にして、上から踏んだときの摩擦係数を測定したのです。

その結果、バナナの皮を踏んだときの摩擦係数は、踏まない場合に比べて、約六分の一でした。ということは、バナナの皮を踏むと、六倍滑りやすいということです。「何もない床を踏んだときより、約六倍滑りやすい」といわれてもよくわかりませんが、「氷の上を靴で歩くよりも滑りやすく、雪の上をスキーで滑る数値に近い」といわれます。

「なぜ、滑りやすいか」という疑問が浮かびます。答えは、「バナナの皮の内側には、粘液が詰まったツブツブがたくさんあり、足で踏むとこのツブツブがつぶれて滑る原因になる」というものです。顕微鏡でバナナの皮の内側を観察すると、白いツブツブがあり、踏むとその中からヌルヌルとした粘液が出るということです。その結果、滑りやすくなるのです。

受賞者は、人工関節の研究をしており、「人工関節を滑らかに動かし、長持ちさせるにはどうすればいいのか」を考えているのです。そのため、バナナの皮が滑りやすいしくみの研究は、今後、人工関節に利用される可能性があります。

人の関節では、粘液が潤滑油の役割を果たしています。粘液は摩擦を減らすので、関節が痛くなるのを防ぐのに役立っています。バナナのツブツブとヌルヌルの粘液により摩擦が小さくなるという研究成果が、将来、人の関節の痛みを予防するのに利用されることが期待されます。

おわりに

本書は、私たちの身近にある一〇種類の植物たちについての、〝ふしぎ〟や〝ひみつ〟を紹介しました。それらには、それぞれの植物に独特のものもありますが、身近にある多くの植物たちに共通するものもあります。

たとえば、ウメが春に花を咲かせる〝ひみつ〟は、春に花咲く花木類に共通のものです。アブラナが、夏の暑さの訪れを前もって知り、花を咲かせる〝ひみつ〟は、春から初夏に花を咲かせる植物たちがもっているものです。

タンポポが刺激を感じて花を開かせる〝ひみつ〟は、開花する時刻を決めている多くの植物が身につけているものです。アジサイが有毒な物質で食べられることから身を守っているように、他の多くの植物たちにも動物から食べられないように防御する〝ひみつ〟がありま す。

また、本書で紹介した植物の〝ふしぎ〟の裏に潜む性質は、他の植物たちへの興味の広がりをもたらしてくれます。たとえば、作付けされるイネの品種数の減少を多様性の面から考えれば、それぞれの地域の風土にあった植物や品種が栽培されることの大切さは、他の栽培植物にも通じると気づかされます。ヒマワリの花の成り立ちから、同じキク科の植物の花の構造も理解できます。

また、ジャガイモの無性生殖という生殖方法や、キクの電照栽培という栽培方法、イチョウの分化全能性という性質の発現などは、他の植物たちの〝ひみつ〟を考えるときのヒントとなります。バナナが果物として人気である〝ひみつ〟を知れば、他の果物の魅力を見直し、他の植物への興味を喚起することになってくるはずです。

このように、本書に紹介した植物たちの〝ふしぎ〟やそれを支える〝ひみつ〟は、紹介されなかった多くの植物たちの〝ふしぎ〟や〝ひみつ〟をのぞき、それらの生き方を考えることへと発展してくれるはずです。本書がそのきっかけになってくれることを、私は切に望みます。

最後に、原稿をお読みくださり、貴重な御意見をくださった国立研究開発法人農業・食品産業技術総合研究機構畜産研究部門のアキリ亘博士に心からの謝意を表します。『ふしぎの植物学』、『雑草のはなし』、『植物はすごい』、『植物はすごい 七不思議篇』などに続いて、本書の編集も中央公論新社中公新書編集部の酒井孝博氏のお世話になりました。植物たちの〝ふしぎ〟の裏に秘められた〝ひみつ〟を本書の魅力として、上梓にこぎつけてくださったことに深く感謝いたします。また、読者に届くまでに、ご尽力をくださった方々に、心から御礼申し上げます。

参考文献

A. C. Leopold & P. E. Kriedemann, *Plant Growth and Development*, 2nd ed. McGraw-Hill Book Company, 1975.

A. W. Galston, *Life processes of plants*, Scientific American Library, 1994.

P. F. Wareing & I. D. J. Phillips（古谷雅樹監訳）『植物の成長と分化』〈上・下〉学会出版センター　一九八三

R. J. Downs & H. Hellmers（小西通夫訳）『環境と植物の生長制御』学会出版センター　一九七八

デービッド・アッテンボロー（門田裕一監訳／手塚勲・小堀民恵訳）『植物の私生活』山と渓谷社　一九九八

瀧本敦『ひかりと植物』大日本図書　一九七三

瀧本敦『ヒマワリはなぜ東を向くか』中公新書　一九八六

田口亮平『植物生理学大要』養賢堂　一九六四

田中修『緑のつぶやき』青山社　一九九八

田中修『つぼみたちの生涯』中公新書　二〇〇〇

田中修『ふしぎの植物学』中公新書　二〇〇三

田中修『クイズ植物入門』講談社ブルーバックス　二〇〇五
田中修『入門たのしい植物学』講談社ブルーバックス　二〇〇七
田中修『雑草のはなし』中公新書　二〇〇七
田中修『葉っぱのふしぎ』ソフトバンククリエイティブ　サイエンス・アイ新書　二〇〇八
田中修『都会の花と木』中公新書　二〇〇九
田中修『花のふしぎ100』ソフトバンククリエイティブ　サイエンス・アイ新書　二〇〇九
田中修『植物はすごい』中公新書　二〇一二
田中修『タネのふしぎ』ソフトバンククリエイティブ　サイエンス・アイ新書　二〇一二
田中修『植物のあっぱれな生き方』幻冬舎新書　二〇一三
田中修『フルーツひとつばなし』講談社現代新書　二〇一三
田中修『植物は命がけ』中公文庫　二〇一四
田中修『植物は人類最強の相棒である』PHP新書　二〇一四
田中修『植物の不思議なパワー』NHK出版　二〇一五
田中修『植物はすごい　七不思議篇』中公新書　二〇一五
田中修『植物学「超」入門』ソフトバンククリエイティブ　サイエンス・アイ新書　二〇一六
田中修『ありがたい植物』幻冬舎新書　二〇一六
田中修監修／ABCラジオ「おはようパーソナリティ道上洋三です」編『おどろき?と発見!の花

と緑のふしぎ』神戸新聞総合出版センター　二〇〇八
古谷雅樹『植物的生命像』講談社ブルーバックス　一九九〇
古谷雅樹『植物は何を見ているか』岩波ジュニア新書　二〇〇二
増田芳雄『植物生理学　改訂版』培風館　一九八八
増田芳雄・菊山宗弘編著『植物生理学』放送大学教育振興会　一九九六

扉　絵・星野良子
図版作成・関根美有

田中 修（たなか・おさむ）

1947年京都府生まれ．京都大学農学部卒業，同大学大学院博士課程修了．スミソニアン研究所（アメリカ）博士研究員，甲南大学理工学部教授等を経て，現在，同大学特別客員教授．農学博士．専攻・植物生理学．

主著『つぼみたちの生涯』『ふしぎの植物学』『雑草のはなし』『都会の花と木』『植物はすごい』『同七不思議篇』（中公新書），『フルーツひとつばなし』（講談社現代新書），『クイズ植物入門』『入門たのしい植物学』（ブルーバックス），『植物は人類最強の相棒である』（PHP新書），『植物のあっぱれな生き方』『ありがたい植物』（幻冬舎新書），『葉っぱのふしぎ』『花のふしぎ100』『タネのふしぎ』『植物学「超」入門』（サイエンス・アイ新書）他多数

植物《しょくぶつ》のひみつ
中公新書 *2491*

2018年6月25日発行

著　者　田中　修
発行者　大橋善光

本文印刷　三晃印刷
カバー印刷　大熊整美堂
製　本　小泉製本

発行所　中央公論新社
〒100-8152
東京都千代田区大手町1-7-1
電話　販売 03-5299-1730
　　　編集 03-5299-1830
URL http://www.chuko.co.jp/

Published by CHUOKORON-SHINSHA, INC.
Printed in Japan　ISBN978-4-12-102491-6 C1245

自然・生物

s1

- 2305 生物多様性　本川達雄
- 503 生命を捉えなおす（増補版）　清水　博
- 1097 生命世界の非対称性　黒田玲子
- 2414 入門！進化生物学　小原嘉明
- 2433 すごい進化　鈴木紀之
- 1972 心の脳科学　坂井克之
- 1647 言語の脳科学　酒井邦嘉
- 2390 ヒト―異端のサルの1億年　島　泰三
- 1709 親指はなぜ太いのか　島　泰三
- 1087 ゾウの時間 ネズミの時間　本川達雄
- 2419 ウニはすごい バッタもすごい　本川達雄
- 877 カラスはどれほど賢いか　唐沢孝一
- 2485 カラー版 目からウロコの自然観察　唐沢孝一
- 1860 昆虫―驚異の微小脳　水波　誠
- 1238 日本の樹木　辻井達一
- 2259 カラー版 スキマの植物図鑑　塚谷裕一
- 2311 カラー版 スキマの植物の世界　塚谷裕一
- 1706 ふしぎの植物学　田中　修
- 1890 雑草のはなし　田中　修
- 2174 植物はすごい　田中　修
- 2328 植物はすごい 七不思議篇　田中　修
- 2316 カラー版 新大陸が生んだ食物　高野　潤
- 1769 苔の話　秋山弘之
- 939 発酵　小泉武夫
- 2408 醤油・味噌・酢はすごい　小泉武夫
- 348 水と緑と土（改版）　富山和子
- 1156 日本の米―環境と文化はかく作られた　富山和子
- 2120 気候変動とエネルギー問題　深井　有
- 1922 地震の日本史（増補版）　寒川　旭
- 2491 植物のひみつ　田中　修